La stima dei valori caratteristici dei parametri geotecnici

Normativa e approcci di calcolo

Aldo Di Bernardo

Copyright ©2016 Aldo Di Bernardo
Il contenuto del presente volume non può essere riprodotto, neppure parzialmente, senza l'autorizzazione scritta dell'Autore. Benchè la realizzazione del presente libro sia stata curata con la massima attenzione, l'Autore declina ogni responsabilità per possibili errori e omissioni, nonché per eventuali danni risultanti dall'uso dell'informazione ivi contenuta.

Ad Alberto Rottigni (1966-2009)

amico e collega.

La stima dei valori caratteristici dei parametri geotecnici

Sommario

1 INTRODUZIONE..7

2 I RIFERIMENTI NORMATIVI...9

2.1 Introduzione..9

2.2 Eurocodice 7..10

2.3 D.M. 14.01.2008..18

2.4 Circolare 02.02.2009...19

2.5 La necessità di una stima cautelativa........................25

3 L'APPROCCIO STATISTICO..31

3.1 Introduzione..31

3.2 Concetti base di statistica..33
   3.2.1 Probabilità a priori e frequenza..........................33
   3.2.2 Distribuzioni di probabilità..................................34
      3.2.2.1 Distribuzione normale.................................35
      3.2.2.2 Distribuzione lognormale............................42
      3.2.2.3 Media e deviazione standard campionarie......44
      3.2.2.4 Distribuzione di Student..............................46
   3.2.3 Teorema di Bayes..53

3.3 Stima dei valori caratteristici......................................57
   3.3.1 Introduzione..57
   3.3.2 Campioni numerosi ($n \geq 30$)............................59
      3.3.2.1 Resistenze compensate o non compensate da misure dirette.......60
      3.3.2.2 Resistenze non compensate da misure estrapolate.....................61
   3.3.3 Campioni poco numerosi ($n \geq 5$ e $n < 30$)......62
      3.3.3.1 Resistenze compensate o non compensate da misure dirette.......62
      3.3.3.2 Resistenze non compensate da misure estrapolate.....................63
   3.3.4 Campioni estremamente poco numerosi ($n > 1$ e $n < 5$)..........66
      3.3.4.1 Resistenze compensate o non compensate da misure dirette.......66
      3.3.4.2 Resistenze non compensate da misure estrapolate.....................67
   3.3.5 Campione unitario ($n=1$)..................................70
   3.3.6 Campione nullo ($n=0$).....................................71

3.3.7 Analisi statistica su parametri correlati..................................72

3.4 Valori anomali e terreni omogenei...78
3.4.1. Individuazione di valori anomali (outlier)..........................78
3.4.2. Individuazione di campioni appartenenti a strati omogenei differenti.
....81
3.4.3. Strati omogenei e non..82

4 L'APPROCCIO GEOTECNICO...91

4.1 Introduzione...91

4.2 Valori caratteristici per verifiche allo Stato Limite Ultimo..................93
4.2.1 Introduzione...93
4.2.2 Resistenza al taglio caratteristica in condizioni drenate......94
 4.2.2.1 φ tangente e φ secante...94
 4.2.2.2 φ a volume costante..97
 4.2.2.3 Determinazione di φc.v..101
4.2.3 Resistenza al taglio caratteristica in condizioni non drenate............113
 4.2.3.1 Definizione di coesione non drenata.........................113
 4.2.3.2 Stima del valore caratteristico di cu..........................117

4.3 Valori caratteristici per verifiche allo Stato Limite d'Esercizio..........122
4.3.1 Introduzione...122
4.3.2 Procedimento diretto..123

4.3.3 Procedimento inverso..126

4.3.3.1 Stima della deformazione massima εmax........................126
 4.3.3.2 Stima di τmob da prove di laboratorio.......................128
 4.3.3.3 Stima di τmob da correlazioni empiriche...................132
 4.3.4 Cedimenti di consolidazione...138

5 APPROCCIO STATISTICO VS GEOTECNICO............141

6 DAI VALORI CARATTERISTICI AI VALORI DI PROGETTO..151

7.BIBLIOGRAFIA ESSENZIALE..155

La stima dei valori caratteristici dei parametri geotecnici

1 Introduzione

Consideriamo uno strato di terreno omogeneo. Per valore caratteristico di un parametro geotecnico (φ, c, E, ecc.) si intende, in generale, il valore che può essere considerato come rappresentativo del parametro stesso all'interno di tale strato.[1] In altre parole è il valore che meglio permette di descrivere le caratteristiche intrinseche del terreno o il suo comportamento in seguito all'applicazione di sollecitazioni esterne. I valori caratteristici costituiscono i dati fondamentali di input per i calcoli di verifica geotecnici (portanza e cedimenti di fondazioni superficiali o su pali, stabilità di versanti, spinte delle terre, eccetera) e la loro valutazione quindi deve essere condotta con la massima accuratezza.

In un terreno omogeneo ideale i parametri di resistenza al taglio e di deformabilità non variano con la profondità e con la posizione della verticale d'indagine.

Immaginiamo di eseguire due prove penetrometriche statiche, ubicate in posizioni diverse, all'interno di questo terreno ideale. L'andamento dei valori di q_c con la profondità è quello mostrato in figura 1. In questo esempio la determinazione del valore caratteristico q_{ck} non presenta difficoltà: possiamo affermare con sicurezza che è uguale a 45 kg/cm². Partendo da questo valore quindi, con le numerose formule di correlazione descritte in letteratura, è possibile ricavare direttamente i valori caratteristici delle grandezze relative alla resistenza al taglio (φ, c_u) e alla deformabilità (modulo edometrico, di Young, ecc.) del terreno in esame.

In un terreno omogeneo reale i parametri di resistenza al taglio e di deformabilità variano con la profondità e con la posizione della verticale d'indagine.
Ripetiamo le nostre prove statiche in un terreno reale.

---

[1] Il valore caratteristico di un parametro viene indicato abitualmente ponendo il pedice k al simbolo del parametro considerato (φ_k, c_k, E_k...).

Nel nostro esempio, figura 2, le prove sono lunghe 11 metri e il passo di lettura è di 0,2 metri. Questo significa che abbiamo un totale di 110 valori di q_c (2 x 11/0,2=110), valori che, in generale, saranno diversi fra loro. Da questo insieme variabile di dati dobbiamo ricavare quell'unico valore rappresentativo del comportamento meccanico dello strato da inserire nei calcoli geotecnici successivi.

Lo scopo di questo libro è la descrizione delle procedure, note in letteratura e di comune uso pratico, che consentono di affrontare il problema della valutazione dei valori caratteristici dei parametri geotecnici del terreno in maniera razionale e ragionevolmente sicura.

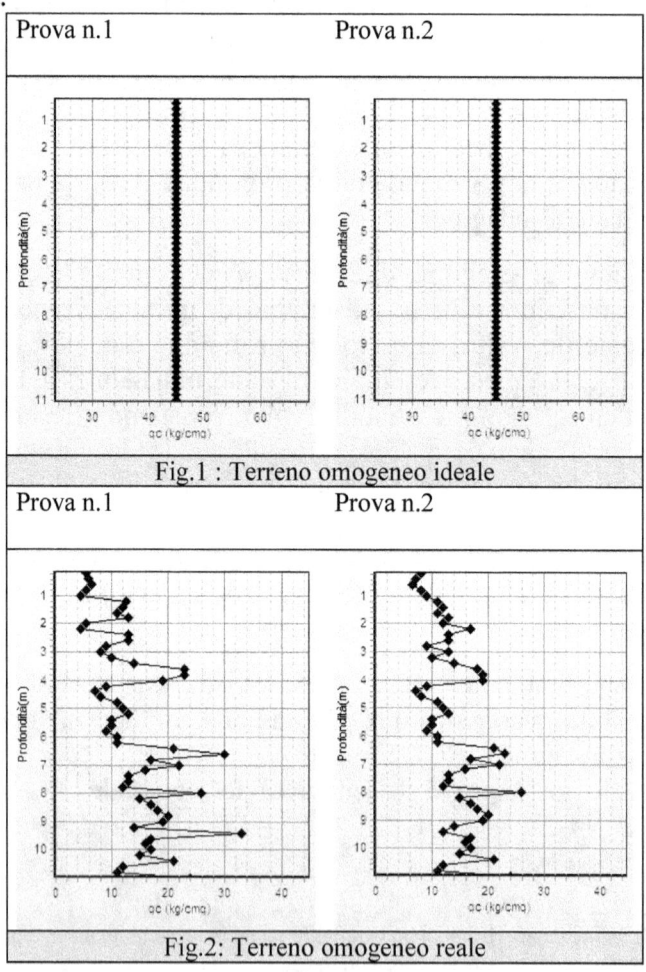

Fig.1 : Terreno omogeneo ideale

Fig.2: Terreno omogeneo reale

2 I riferimenti normativi.

2.1 Introduzione

Il concetto di valore caratteristico dei parametri geotecnici del terreno venne introdotto negli Eurocodici, durante gli anni '90, e ripreso dalla normativa italiana successiva (il D.M.14.09.2005 e il D.M.14.01.2008 attualmente in vigore), sviluppata coerentemente con le indicazioni della normativa europea. In realtà non si tratta di un'idea nuova e rivoluzionaria in quanto la parametrizzazione del terreno è un'operazione che il geotecnico da sempre è tenuto a eseguire. Suddividere il terreno in strati omogenei ai quali assegnare valori rappresentativi dei parametri geotecnici da impiegare poi nella fase di calcolo delle resistenze era un percorso obbligato anche prima della formulazione degli Eurocodici. Quello che cambia rispetto al passato è il fatto di avere una Normativa europea e nazionale di riferimento nelle quali vengono indicate con precisione le linee operative da seguire per giungere alla quantificazione delle proprietà del terreno.

Da un punto di vista pratico, le norme a cui fare riferimento per la valutazione dei valori caratteristici sono le seguenti:

- Eurocodice 7
- D.M. 14.01.2008
- Circolare 02.02.2009

In questo capitolo analizzeremo rapidamente le linee guida contenute nella Normativa vigente e vedremo quali sono i criteri oggettivi indicati dal Legislatore nel tentativo di razionalizzare la procedura di selezione dei valori dei parametri geotecnici da utilizzare nella fase dei calcoli di verifica.

2.2 Eurocodice 7

L'Eurocodice 7 fornisce una definizione di valore caratteristico dei parametri geotecnici nel paragrafo 2.4.3:

...
Il valore caratteristico di un parametro di un terreno o di una roccia deve essere scelto in base ad una valutazione cautelativa del valore che influenza l'insorgere dello stato limite.
...

Per stato limite s'intende una particolare condizione raggiunta la quale l'opera non è più in grado di svolgere la funzione per la quale è stata progettata.

Si parla di **stato limite ultimo** nel caso si prenda in considerazione il verificarsi di una situazione di collasso, per esempio quando il carico applicato supera la portanza del terreno di fondazione. In questa situazione si osservano elevati livelli di deformazione nel terreno con superamento della massima resistenza al taglio mobilitabile.

Il termine **stato limite di esercizio** viene invece usato nel caso si esamini una situazione in cui, pur non avendosi il collasso, l'opera subisca lesioni tali da limitarne le prestazioni in condizioni d'esercizio. Nel caso, per esempio, di una fondazione superficiale ciò può verificarsi, quando i cedimenti del terreno superano una soglia critica, provocando delle distorsioni angolari non accettabili negli elementi della sovrastruttura. In questa situazione quindi si osservano moderati livelli di deformazione senza che venga superata la massima resistenza al taglio mobilitabile dal terreno.

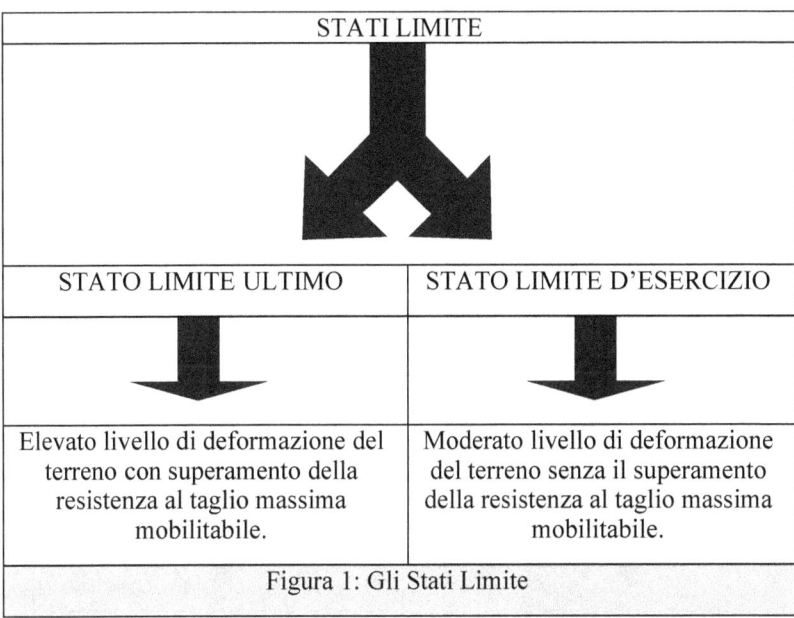

Figura 1: Gli Stati Limite

...

...il parametro che determina il comportamento è spesso il valore medio nell'ambito di una certa superficie o di un certo volume di sottosuolo. Il valore caratteristico corrisponde ad una valutazione cautelativa del suddetto valore medio.
Il volume significativo dipende anche dal comportamento della struttura interessata.

...

Per chiarire quest'ultimo concetto nell'Eurocodice 7 viene presentato un esempio specifico.

...

...considerando uno stato limite ultimo relativo al carico limite per un edificio su plinti, il parametro rappresentativo è la resistenza media del terreno nel volume significativo di ogni plinto, se l'edificio può essere soggetto a rotture locali. Se, al contrario, l'edificio è sufficientemente rigido e resistente, il parametro rappresentativo può essere dato dalla media di questi valori medi nell'ambito dell'intero volume, o parte di volume, di terreno sottostante l'edificio stesso.

...

La stima dei valori caratteristici dei parametri geotecnici

Ricordiamo che per volume significativo s'intende il volume di terreno che, direttamente o indirettamente, risente della realizzazione dell'opera in progetto.

Esempio 1.

Supponiamo di avere eseguito un'indagine geognostica con tre sondaggi posizionati ognuno in corrispondenza dei tre plinti di fondazione. Riferendoci all'angolo di resistenza al taglio φ, ipotizziamo che siano stati ottenuti, per esempio da prove di taglio diretto su campioni prelevati nei fori di sondaggio, i seguenti valori:

Sondaggio 1 (sotto il plinto di sinistra):	$\varphi=32$, $\varphi=33$, $\varphi=35$, $\varphi=31$; $\varphi_{medio}=32,7$
Sondaggio 2 (sotto il plinto centrale):	$\varphi=29$, $\varphi=31$, $\varphi=33$, $\varphi=31$; $\varphi_{medio}=31$
Sondaggio 3 (sotto il plinto di destra):	$\varphi=33$, $\varphi=34$, $\varphi=35$, $\varphi=32$; $\varphi_{medio}=33,5$

Caso A
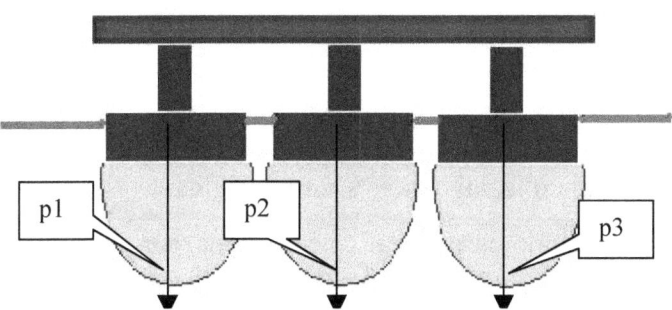
Plinti con struttura di collegamento assente o flessibile.
Il valore caratteristico va calcolato come media dei valori **misurati** nel volume significativo del singolo plinto.
Caso B
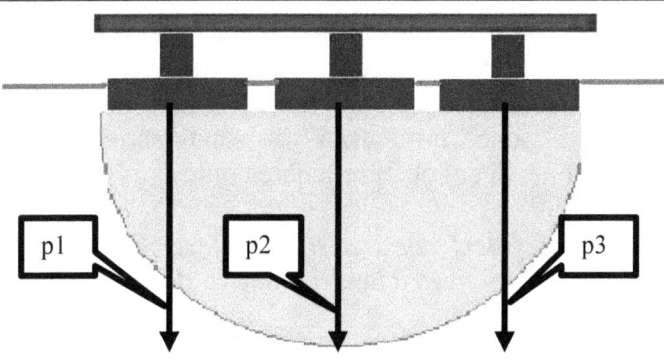
Plinti con struttura di collegamento rigida.
Il valore caratteristico va calcolato come media delle medie dei valori **misurati** nel volume significativo dell'intera struttura.
Figura 2: Esempio di selezione dei valori caratteristici in funzione del volume significativo

Caso A: plinti non collegati o con collegamento flessibile.

In questo caso per il calcolo della portanza dei plinti useremo il valore medio misurato sotto ognuno di essi:

- Plinto di sinistra: φ=32,7
- Plinto centrale: φ=31
- Plinto di destra: φ=33,5

Caso B: plinti collegati da una struttura rigida.

In questo secondo caso per il calcolo della portanza useremo un valore di φ dato dalla media delle medie [(32,7 + 31 + 33,5) /3 = 32,4)] per tutti i plinti:

- Plinto di sinistra: φ=32,4
- Plinto centrale: φ=32,4
- Plinto di destra: φ=32,4

In realtà non è sufficiente calcolare delle semplici medie dei valori misurati perché l'Eurocodice specifica che la scelta deve derivare da una valutazione cautelativa dei dati misurati. I valori stimati infatti sono influenzati da una serie di fonti di indeterminazione, di cui occorre tenere conto.
…
Nella scelta dei valori caratteristici si deve tenere conto delle incertezze dei dati geometrici e del modello di calcolo…
…
Vedremo in seguito come si possono gestire queste incertezze.

Altre indicazioni presenti nell'Eurocodice 7.

…

Nella scelta dei valori caratteristici delle proprietà del terreno e della roccia si deve tenere conto di quanto segue:
a) la documentazione geologica ed altre informazioni preesistenti, come, per esempio, i dati relativi a precedenti progetti;
…

> **La stima dei valori caratteristici dei parametri geotecnici**

Naturalmente più elevato è il numero di dati a disposizione da indagini eseguite in siti prossimi a quello esaminato minore sarà l'incertezza nella scelta dei valori caratteristici, soprattutto nei casi in cui le misure siano scarse.

...

b) la variabilità dei valori relativi alle proprietà;

...

E' noto che alcuni parametri geotecnici hanno una variabilità molto limitata, per esempio il peso di volume o il coefficiente di Poisson. Per questi parametri è sufficiente assumere nei calcoli un valore medio all'interno dello strato omogeneo, senza ulteriori analisi ed elaborazioni.

...

c) l'estensione della zona di sottosuolo da cui dipende il comportamento della struttura geotecnica nello stato limite in esame;

...

Per esempio nella verifica di fondazioni superficiali le verifiche allo Stato Limite Ultimo (per esempio capacità portante) e quelle allo Stato Limite di Esercizio (per esempio cedimenti) comportano spessori di terreno da analizzare differenti.

...

d) l'influenza della qualità dell'esecuzione nel caso di terreni di riporto o sottoposti ad interventi di miglioramento;
e) l'effetto delle attività costruttive sulle proprietà del terreno in sito.

...

Per esempio nel caso di scavi bisogna considerare l'effetto sui parametri geotecnici dovuto alla diminuzione della pressione litostatica. Quindi, in terreni coesivi, nella scelta dei moduli edometrici da utilizzare nel calcolo dei cedimenti occorrerà utilizzare quelli corrispondenti alle pressioni dopo l'asportazione del terreno.

La stima dei valori caratteristici dei parametri geotecnici

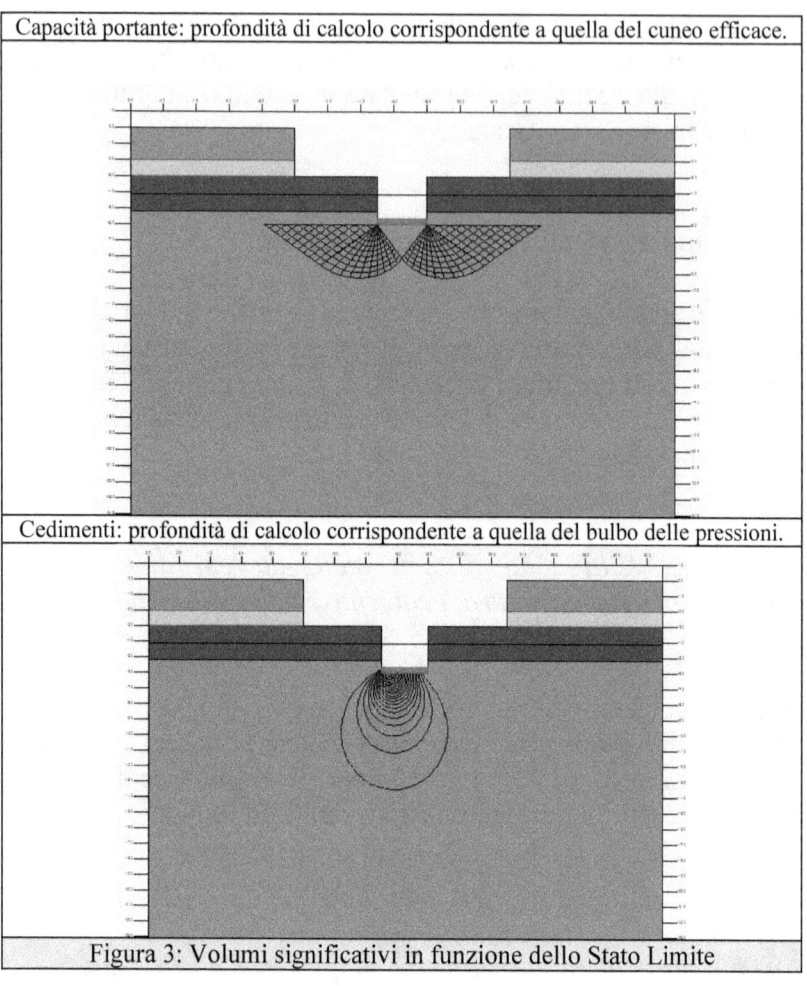

Figura 3: Volumi significativi in funzione dello Stato Limite

...

I valori caratteristici delle proprietà del terreno possono essere determinati applicando metodi statistici.

...

Qualora si adottino metodi statistici, il valore caratteristico dovrebbe essere ricavato in maniera tale che la probabilità calcolata di valori più sfavorevoli, che determinano la manifestazione dello stato limite, non sia maggiore del 5%.

...

| La stima dei valori caratteristici dei parametri geotecnici |

L'EC7 consente l'utilizzo delle procedure di calcolo statistiche anche per la determinazione dei valori caratteristici delle proprietà del terreno, fissando la probabilità di superamento (5%). Il *'Qualora'*, posto all'inizio della seconda frase, può essere interpretato solo in un modo: l'approccio statistico non è obbligatorio, ma è solo una delle opzioni possibili.

...

I valori caratteristici possono essere più bassi o più alti dei valori più probabili. Per ogni verifica si deve applicare la combinazione più sfavorevole dei valori più alti o più bassi per ciascun parametro indipendente

...

Nel caso, per esempio, si debba stimare il valore caratteristico della coesione drenata del terreno si dovrà optare per un valore più basso di quello più probabile (medio) calcolato. Nell'ipotesi invece di dover valutare il cedimento del terreno, il valore caratteristico di questa grandezza dovrà essere più alto del valore più probabile (valore medio).

2.3 D.M. 14.01.2008

Nel Paragrafo 6.2.2 si ritrova la seguente definizione:

…

Per valore caratteristico di un parametro geotecnico deve intendersi una stima ragionata e cautelativa del valore del parametro nello stato limite considerato.

…

La definizione del D.M. 14.01.2008 riprende di fatto, in maniera leggermente più sintetica, quella dell'Eurocodice 7. All'interno del D.M. non si trovano però altre indicazioni o chiarimenti sul concetto di valore caratteristico, né sulle procedure di calcolo da adottare.

2.4 Circolare 02.02.2009

La Circolare, nel paragrafo C6.2.2, riprende la definizione di valore caratteristico data dal D.M. 14.01.2009, facendo esplicito riferimento agli Eurocodici.

...

Nella progettazione geotecnica, in coerenza con gli Eurocodici, la scelta dei valori caratteristici dei parametri deriva da una stima cautelativa, effettuata dal progettista, del valore del parametro appropriato per lo stato limite considerato.

...

Questo rimando serve a chiarire che la valutazione dei parametri caratteristici va eseguita anche alla luce delle indicazioni presenti nell'Eurocodice 7. Inoltre si specifica che la stima cautelativa va condotta sul parametro più appropriato per lo stato limite preso in considerazione.

Infatti viene premesso:

...

La scelta dei valori caratteristici dei parametri geotecnici avviene in due fasi.

La prima fase comporta l'identificazione dei parametri geotecnici appropriati ai fini progettuali.

...

Questo significa che prima di procedere al calcolo dei valori caratteristici dei parametri geotecnici (seconda fase) è necessario decidere quali, fra i vari parametri selezionabili, è quello più adeguato a descrivere il comportamento del terreno nella specifica verifica per lo stato limite considerato (prima fase).

Nel paragrafo C6.2.2 viene inoltre chiarito, in maniera difficilmente equivocabile, cosa si debba intendere nella pratica per valore caratteristico di un parametro geotecnico.

La stima dei valori caratteristici dei parametri geotecnici

...

...appare giustificato il riferimento a valori medi quando, nello stato limite considerato, è coinvolto un elevato volume di terreno, con possibile compensazione delle eterogeneità o quando la struttura a contatto con il terreno è dotata di rigidezza sufficiente a trasferire le azioni dalle zone meno resistenti a quelle più resistenti.

Al contrario, valori caratteristici prossimi ai valori minimi dei parametri geotecnici appaiono più giustificati nel caso in cui siano coinvolti modesti volumi di terreno, con concentrazione delle deformazioni fino alla formazione di superfici di rottura nelle porzioni di terreno meno resistenti del volume significativo, o nel caso in cui la struttura a contatto con il terreno non sia in grado di trasferire forze dalle zone meno resistenti a quelle più resistenti a causa della sua insufficiente rigidezza.

...

Vengono quindi presi in considerazione due possibili scenari: nel primo ricadono le opere che coinvolgono elevati volumi di terreno, nel secondo quelle che interessano modesti volumi di sottosuolo. Questa distinzione è contenuta anche negli Eurocodici, anche se non in maniera così esplicita, là dove nell'EC7 si afferma che il volume significativo dipende anche dal comportamento della struttura interessata. Le indicazioni contenute nella Circolare quindi ampliano e completano i concetti espressi nell'EC7.

Le opere che coinvolgono grandi volumi di terreno sono quelle che inducono variazioni tensionali all'interno di una porzione sufficientemente elevata di sottosuolo da dare origine a una compensazione delle resistenze. Si parla in questo caso quindi di **resistenze compensate**: le zone di terreno a resistenza minima e massima vengono sollecitate contemporaneamente e quello che emerge è un comportamento meccanico intermedio fra i due estremi. Per questo motivo i valori caratteristici dei parametri geotecnici dovranno corrispondere a una stima cautelativa del valore medio misurato

Rientrano in questa categoria:

La stima dei valori caratteristici dei parametri geotecnici

- le fondazioni superficiali di grande estensione (platee) o di dimensione ridotta (plinti e travi) ma collegate rigidamente fra loro, in modo da consentire il trasferimento delle azioni dalle zone meno resistenti a quelle più resistenti;
- i versanti naturali o i fronti di scavo artificiali di elevata estensione;
- le opere di contenimento, muri e diaframmi, di altezza notevole;
- le fondazioni su pali, per quanto riguarda la portata laterale.

Nel caso di opere che coinvolgono modesti volumi di terreno a essere sollecitate sono piccole porzioni di sottosuolo in cui prevalgono le resistenze locali. Si parla quindi di **resistenze non compensate** e il valore caratteristico andrà selezionato prendendo come riferimento un valore prossimo al minimo misurato. La logica di questa scelta è riconducibile a quella espressa nella celeberrima legge di Murphy. Applicato alla geotecnica, questo principio può essere riformulato come segue: se all'interno del volume significativo del terreno esistono zone a resistenza minore della media, la nostra opera, plinto, trave, palo, ecc., probabilmente vi verrà costruita sopra. In altre parole in questo scenario bisogna dare per scontata la condizione peggiore, ovviamente a favore della sicurezza.

Rientrano in questa categoria:

- le fondazioni superficiali di dimensioni ridotte (plinti e travi) non collegate rigidamente fra loro;
- i fronti di scavo artificiali di modesta estensione;
- le opere di contenimento di altezza contenuta;
- le fondazioni su pali, per quanto riguarda la portata di base.

La scelta di un valore prossimo al minimo misurato può sembrare in contraddizione con quanto suggerito dall'Eurocodice 7. Nell'esempio ripreso dall'EC7 relativamente a un edificio su plinti abbiamo visto che si suggerisce di utilizzare, nel caso di fondazioni non collegate rigidamente, un parametro rappresentativo uguale alla resistenza media del terreno nel volume significativo del plinto. Un valore medio quindi, non un valore minimo. L'incoerenza fra le indicazioni della Circolare e dell'EC7 in realtà è solo apparente. Nell'Eurocodice si fa riferimento a misure effettuate all'interno del volume significativo del plinto, nella Circolare si ipotizzano misure estrapolate da verticali d'indagine esterne all'impronta della fondazione.

La differenza viene chiarita nell'esempio seguente.

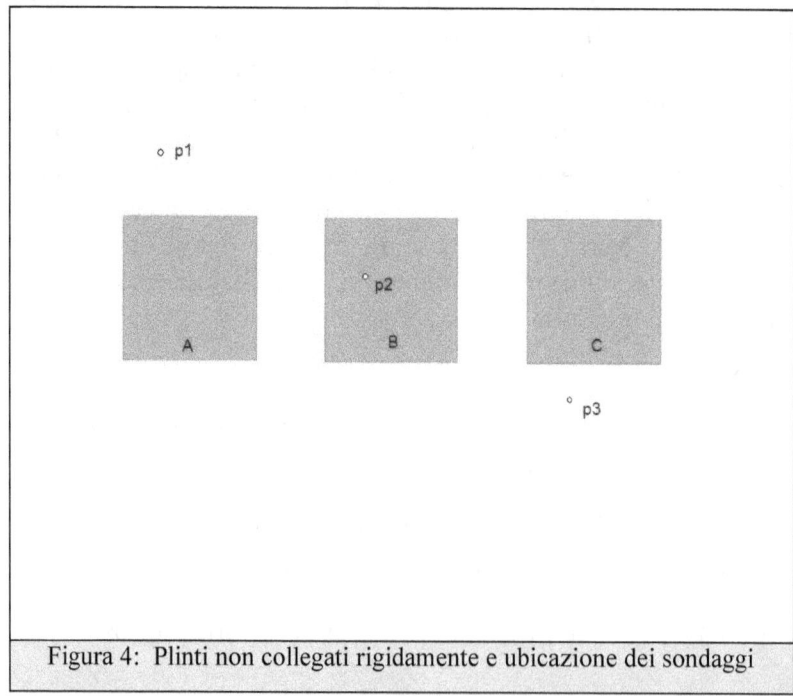

Figura 4: Plinti non collegati rigidamente e ubicazione dei sondaggi

Esempio 2.

Riprendiamo il caso visto nell'esempio 1. Ipotizziamo di avere tre plinti di fondazione (A, B e C) non collegati fra loro in maniera rigida e di avere eseguito i tre sondaggi posizionandoli come in figura 4. Riassumiamo nuovamente i valori di φ ottenuti in ogni verticale d'indagine:

Sondaggio 1 (p1):	$\varphi=32$, $\varphi=33$, $\varphi=35$, $\varphi=31$; $\varphi_{medio}=32,7$
Sondaggio 2 (p2):	$\varphi=29$, $\varphi=31$, $\varphi=33$, $\varphi=31$; $\varphi_{medio}=31$
Sondaggio 3 (p3):	$\varphi=33$, $\varphi=34$, $\varphi=35$, $\varphi=32$; $\varphi_{medio}=33,5$

Nel caso B abbiamo eseguito una misura diretta delle caratteristiche meccaniche del terreno di fondazione all'interno del volume significativo del plinto con il sondaggio *p2*. In questa situazione i valori caratteristici dei parametri geotecnici necessari per le verifiche previste dalla Normativa possono essere valutati, in accordo con il suggerimento dell'EC7, attraverso una stima cautelativa del <u>valore medio</u> dei dati misurati lungo *p2*. Questo perché, avendo eseguito una misura diretta all'interno dell'impronta del plinto, conosciamo il modo in cui questi valori si distribuiscono nel terreno sotto la fondazione, non abbiamo bisogno di ipotizzarla. Si può quindi parlare di **resistenze non compensate da misure dirette**. Perciò assumeremo come valore caratteristico di φ per la stima della portanza di B un valore prossimo a 31°.

Nei casi A e C non esistono misure dirette delle caratteristiche meccaniche del terreno sotto i due plinti. Per stimare i valori caratteristici dei parametri geotecnici siamo costretti a estrapolare le misure eseguite lungo le tre verticali d'indagine (p1, p2, p3). Quindi le portanze dei plinti A e C andranno calcolate prendendo, coerentemente con le indicazioni della Circolare, valori di φ prossimi al <u>valore minimo</u> misurato nei tre sondaggi. Il valore minimo di φ misurato è 29° e quindi il valore caratteristico dell'angolo di resistenza al taglio da utilizzare nelle verifiche allo Stato Limite Ultimo per i plinti A e C dovrà essere prossimo a questo valore.

La stima dei valori caratteristici dei parametri geotecnici

Possiamo quindi riassumere i tre casi che si possono presentare in pratica:

❑ opere che coinvolgono elevati volumi di terreno (resistenze compensate): per ogni verticale d'indagine eseguita all'interno del volume significativo si effettua una stima cautelativa del valore medio dei parametri geotecnici, usando quindi nei calcoli di verifica, allo Stato Limite Ultimo e d'Esercizio, valori corrispondenti alla media dei valori medi;

❑ opere che coinvolgono limitati volumi di terreno con misure dirette eseguite all'interno del volume significativo (resistenze non compensate da misure dirette): si stimano i valori caratteristici eseguendo una valutazione cautelativa dei valori medi misurati dei parametri geotecnici;

❑ opere che coinvolgono limitati volumi di terreno con misure dirette eseguite all'esterno del volume significativo (resistenze non compensate da misure estrapolate): si stimano i valori caratteristici eseguendo una valutazione cautelativa dei valori minimi misurati dei parametri geotecnici.

2.5 La necessità di una stima cautelativa.

Abbiamo visto che sia nell'Eurocodice 7 che nel D.M. 14.01.2008 e relativa Circolare 02.02.2009 si fa riferimento ai valori caratteristici dei parametri geotecnici come derivanti da stime cautelative del valore medio (resistenze compensate e non compensate da misure dirette, caso A) o di quello minimo (resistenze non compensate da misure estrapolate, caso B). Il motivo per cui si sottolinea il fatto che si debba trattare di valutazioni prudenziali risiede in parte nel riconoscimento delle incertezze insite nelle procedure di misura e nei modelli di calcolo.

In linea di principio, noto l'insieme di *tutti* i possibili valori che un determinato parametro geotecnico può assumere all'interno del volume significativo, nel caso A sarebbe sufficiente farne una media, nel caso B selezionarne il valore minimo. Cioè, se fosse possibile misurare direttamente tutti i valori con cui la grandezza esaminata, per esempio l'angolo di resistenza al taglio φ, si presenta in uno strato omogeneo l'elaborazione statistica si esaurirebbe al più con il semplice calcolo della media aritmetica.

Le complicazioni nascono dal fatto che volume indagato e volume significativo praticamente non coincidono mai. E' un'osservazione banale, ma fondamentale per l'argomento trattato.

Vediamo un esempio per chiarire il concetto.

Esempio 3.

Supponiamo di dover stimare i valori caratteristici dei parametri geotecnici all'interno di un'area di 40 metri di larghezza per 50 metri di lunghezza che sarà soggetta a una nuova edificazione. Ipotizziamo che la profondità massima alla quale verrà risentito il carico superficiale dovuto all'edificio in progetto sia di 15 metri. Il volume significativo sarà in questo caso di:

Volume significativo (mc) = Larghezza x Lunghezza x Profondità = 50 x 40 x 15 = 30.000 mc

| La stima dei valori caratteristici dei parametri geotecnici |

Decidiamo di eseguire quattro prove penetrometriche dinamiche continue superpesanti (DPSH) spinte fino alla profondità di 15 metri per caratterizzare da un punto di vista geotecnico il terreno di fondazione. Il diametro della punta (D_p) del penetrometro è di circa 5,1 centimetri cioè 0,051 metri, mentre la sua area trasversale corrisponde a:

$$\text{Area punta (mq)} = \pi \times (D_p/2)^2 = 0{,}00204282 \text{ mq}$$

Moltiplicando l'area della punta per la profondità d'infissione della prova si otterrà il volume di terreno indagato dalla singola penetrometria. Moltiplicando il risultato ulteriormente per il numero di prove eseguite (4) si calcolerà il volume totale indagato:

$$\text{Volume indagato (mc)} = \text{Area punta} \times \text{Profondità di infissione} \times \text{Numero prove} = 0{,}00204282 \times 15 \times 4 = 0{,}123 \text{ mc}$$

Facendo il rapporto fra volume indagato e significativo si avrà:

$$(\text{Volume indagato} / \text{Volume significativo})\% = (0{,}123 / 30{,}000) \times 100 = 0{,}00041 \%$$

Il risultato è scontato: di solito solo una piccolissima frazione, normalmente meno dello 0,001%, dell'intero volume significativo viene indagato direttamente.

| La stima dei valori caratteristici dei parametri geotecnici |

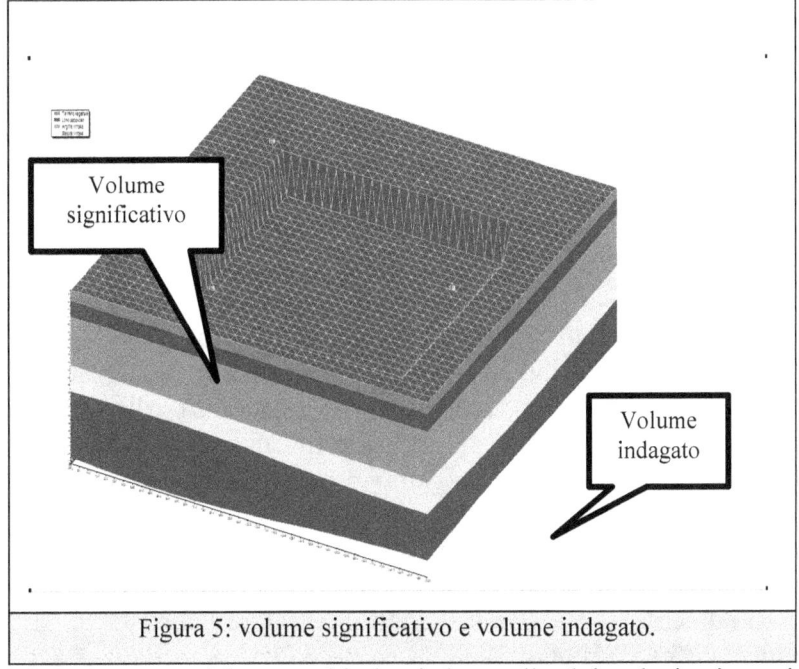

Figura 5: volume significativo e volume indagato.

A questo punto bisogna chiedersi: la media dei valori misurati di un determinato parametro geotecnico, per esempio φ, all'interno del volume indagato corrisponde al valore medio dello stesso parametro nell'ambito del volume significativo? Si può porre cioè:

$$\varphi_{medio\ nel\ volume\ indagato} = \varphi_{medio\ nel\ volume\ significativo}\ ?$$

E il valore minimo del parametro geotecnico in questione determinato nel volume indagato coincide con quello minimo del volume significativo? In altre parole:

$$\varphi_{minimo\ nel\ volume\ indagato} = \varphi_{minimo\ nel\ volume\ significativo}\ ?$$

> **La stima dei valori caratteristici dei parametri geotecnici**

Naturalmente la risposta alle due domande è la stessa: in generale, tranne casi fortunati, i valori medi e minimi dei parametri geotecnici misurati e quelli medi e minimi riferentesi all'intero volume significativo non sono uguali. Ripetendo le quattro prove penetrometriche in posizioni differenti all'interno dell'area indagata e ricalcolando valore medio e minimo di φ molto probabilmente si otterrebbero valori diversi da quelli ricavati in precedenza. A meno di non eseguire un numero incredibilmente elevato di penetrometrie non si potrà mai avere la certezza di avere individuato i valori medi e minimi di φ.

Proviamo, per curiosità, a stimare il numero di verticali d'indagine minimo per arrivare alla sicurezza di avere campionato tutti i possibili valori di φ all'interno del volume significativo. Se le prove sono troppo ravvicinate, le deformazioni indotte nel terreno potrebbero sovrapporsi, falsando la misura. Adottando una distanza di sicurezza fra le verticali uguale a tre diametri (D_p = 3 x 5,1 cm = 15,3 cm = 0,153 m), come solitamente si usa fare per i pali per evitare interferenze, si avrà una prova DPSH ogni:

$$A_p = \pi \times (D_p/2)^2 = 3,14 \times (0,153/2)^2 = 0,0184 \text{ mq}$$

per un totale, sull'area indagata dell'esempio precedente di 2000 mq (50 m x 40 m) di:

$$N_p = \text{Area indagata} / A_p = 2000 / 0,0184 = 108695 \quad [2]$$

Il fatto di poter indagare solo una porzione molto piccola del volume significativo e l'impossibilità quindi di poter riconoscere la rappresentatività o meno dei dati misurati ci obbliga in pratica a valutazioni estremamente prudenziali dei valori caratteristici.

Un approccio di calcolo possibile per affrontare il problema dell'indeterminazione dei valori dei parametri geotecnici è, indubbiamente, quello statistico. Nell'Eurocodice 7 questo modo di procedere viene indicato in maniera esplicita. Secondo una leggenda metropolitana che circola negli ambienti geotecnici gli Eurocodici avrebbero addirittura reso obbligatorio

---

[2] Qualche geotecnico temerario potrebbe provare a suggerire al committente di turno l'esecuzione di 100.000 prove penetrometriche e quindi registrarne la reazione...

quest'approccio. In realtà, direttamente nell'EC0 e indirettamente nell'EC7, gli estensori degli Euorocodici hanno lasciato aperta la porta ad altri approcci di calcolo non statistici, affermando che, dove le informazioni sulla distribuzione statistica delle proprietà siano lacunose, un *valore nominale* rappresentativo del comportamento del materiale, nel nostro caso il terreno, può essere utilizzato in sostituzione. Questo valore nominale, secondo l'EC7, deve essere scelto in base a una valutazione cautelativa del valore che influenza l'insorgere dello stato limite. Cioè in pratica è quello che emerge dall'analisi teorica e sperimentale del comportamento del terreno nello stato limite preso in considerazione. Questo sistema di calcolo alternativo viene di solito indicato come approccio deterministico o fisico o, semplicemente, geotecnico.

Nei prossimi due capitoli analizzeremo in dettaglio le procedure di calcolo per la stima dei valori caratteristici dei parametri geotecnici suggerite dagli Eurocodici, l'approccio statistico e l'approccio geotecnico. Nel capitolo 5 confronteremo i due approcci, cercando di individuare le condizioni ideali di applicabilità di entrambi. Infine nel capitolo 6 discuteremo la differenza fra valori caratteristici e valori di progetto.

La stima dei valori caratteristici dei parametri geotecnici

3 L'approccio statistico

3.1 Introduzione

Si è visto nel primo capitolo come, anche nell'ambito di uno strato di terreno definito *omogeneo*, i valori dei parametri geotecnici tendono a variare all'interno del volume significativo. Lo stato di addensamento, il rapporto di sovraconsolidazione, il grado di saturazione e in generale tutti i parametri che controllano la resistenza al taglio e la deformabilità nel volume di terreno coinvolto hanno un andamento variabile sia in profondità, lungo l'asse Z, sia all'interno del piano orizzontale X,Y. Questa variabilità è dovuta, nei terreni sciolti, a meccanismi che agirono in fase deposizionale, per esempio quelli collegati all'oscillazione nel tempo e nello spazio della posizione e della velocità delle correnti fluviali, o successivi alla sedimentazione, per esempio quelli dovuti all'invecchiamento del deposito, alle fluttuazioni del livello di falda, ai cicli di carico e di scarico subiti dal terreno in seguito a eventi sismici o alla imposizione e rimozione di carichi superficiali (coltri glaciali e eventi erosivi su larga scala).
Per semplicità assumeremo che il volume significativo comprenda un solo strato di terreno omogeneo. Nel caso, come in realtà accade spesso, si fosse in presenza di più livelli stratigrafici a composizione litologica differente, le procedure di calcolo descritte in seguito andranno ripetute per ogni singolo strato.

La stima dei valori caratteristici dei parametri geotecnici

L'approccio statistico al problema della stima dei valori caratteristici dei parametri geotecnici è un approccio puramente numerico. Questo significa che tutti i processi fisici che sono alla base della variabilità nel comportamento meccanico del terreno vengono *deliberatamente* ignorati. Non è importante come e per quale motivo in uno strato omogeneo i singoli parametri variano. Ciò che conta, dal punto di vista statistico, è che l'insieme dei valori assunto dal parametro in questione si possa trattare come una *popolazione statistica* e il parametro stesso come una *variabile casuale*. In altre parole si assume che la grandezza esaminata (φ, c_u, ecc.) vari in maniera del tutto casuale all'interno del volume di terreno significativo e che possa quindi essere trattata con gli strumenti matematici della statistica. Di fatto il materiale terreno, secondo questo approccio, pur con le dovute distinzioni, viene trattato come i materiali da costruzione, calcestruzzo, acciaio, legno, ecc., quindi con procedure di calcolo dei valori caratteristici analoghe.

Lo scopo degli strumenti matematici della Statistica applicati alla stima dei valori caratteristici delle proprietà del terreno è quindi, fondamentalmente, il seguente: consentire di estrapolare i dati misurati all'interno del volume indagato all'intero volume significativo, gestendo in maniera razionale, e quindi riducendo al minimo, l'incertezza insita in questa operazione. Incertezza che si potrebbe manifestare in un'eccessiva sottostima o, più pericolosamente, in una sovrastima dei valori dei parametri geotecnici da impiegare successivamente nei calcoli di verifica (capacità portante, cedimenti, ecc.).

Prima di passare però a descrivere le procedure di calcolo è necessario ribadire alcuni concetti elementari di statistica.

3.2 Concetti base di statistica.

3.2.1 Probabilità a priori e frequenza.

La *probabilità a priori* che si verifichi un determinato evento è dato dal rapporto fra il numero di casi favorevoli e il totale del numero di casi possibili.

$$P = \text{casi favorevoli / casi possibili}.$$

Esempio 1.

Supponiamo di sapere, grazie a una raccolta di dati da indagini eseguite in precedenza, che un certo strato omogeneo di terreno abbia un angolo di resistenza al taglio di picco φ variabile da 31° a 35°. Preleviamo da questo livello un campione per eseguire una prova di taglio diretto. Possiamo affermare, considerando solo i valori interi, che la probabilità a priori di ottenere un angolo di attrito di picco dal test di 33° è di 1/5, cioè 0,20. Infatti il caso favorevole è uno (33°), quelli possibili cinque (31°, 32°, 33°, 34°, 35°).
E' chiaro perché si parla di probabilità a *priori*: ancor prima di eseguire qualsiasi misura diretta siamo in grado di valutare quante volte *in teoria* dovrebbe presentarsi il valore 33°.

La probabilità a priori può assumere un valore compreso fra 0 e 1 (o fra 0% e 100% se si ragiona in percentuali). Ovviamente una probabilità uguale a 0 indica che l'evento è impossibile, una probabilità uguale a 1 (o 100%) che l'evento è certo.
La *frequenza* è invece il rapporto fra il numero di casi che sono risultati favorevoli *a posteriori* e il numero di misure eseguite.

$$F = \text{casi risultati favorevoli dopo la misura / numero totale misure}.$$

Esempio 2.

Riprendendo il caso di prima, immaginiamo di avere eseguito dieci prove di taglio diretto su altrettanti campioni estratti dallo strato di terreno omogeneo indagato. Abbiamo ottenuto, per l'angolo di resistenza al taglio di picco φ, i seguenti risultati:

N.prova	1	2	3	4	5	6	7	8	9	10
φ(°)	34	35	35	31	33	32	33	31	33	34

Nelle dieci misure eseguite in tre casi abbiamo ottenuto un valore di φ uguale a 33°. La frequenza è quindi uguale a 3/10, cioè 0,30.

Il fatto che probabilità e frequenza non coincidano rientra nella normalità. La probabilità di fatto rappresenta una frequenza *teorica*, cioè indica il numero di situazioni in cui si dovrebbe presentare l'evento cercato, nel nostro caso il valore di 33°, se si eseguisse un numero molto elevato, praticamente infinito, di misure.

Se si effettuassero altre dieci prove di taglio su altri dieci campioni prelevati dallo stesso terreno verosimilmente la frequenza si avvicinerebbe maggiormente alla probabilità a priori calcolata. In termini matematici si può cioè affermare che la frequenza tende alla probabilità all'aumentare del numero di misure compiute:

$$\lim_{n \to \infty} F = P$$

3.2.2 Distribuzioni di probabilità.

Gli esempi precedenti contengono un'evidente forzatura. Abbiamo supposto che all'interno di un terreno omogeneo il valore dell'angolo di resistenza al taglio di picco φ possa variare da 31° a 35° e che questi valori siano tutti *ugualmente probabili*. E' chiaro che un terreno con queste caratteristiche, dove cioè esiste la stessa probabilità a priori, il 20%, che emergano dalle

prove valori di φ differenti, non può essere considerato *omogeneo*.
Per *distribuzione di probabilità* s'intende il modo in cui sono distribuite le probabilità di verificarsi di singoli eventi. E' in altre parole una funzione matematica che permette di calcolare l'andamento della probabilità associabile a ogni valore possibile della variabile presa in considerazione. A volte si parla, attribuendogli lo stesso significato, di funzione di densità di probabilità.
In una situazione come quella descritta in precedenza, quando cioè si ha una serie di eventi con identica probabilità di verificarsi, si parla di distribuzione di probabilità uniforme. Il caso classico è quello del lancio di un dado: la probabilità che emerga uno dei sei numeri possibili è esattamente la stessa, cioè 1/6.
Nel caso di misure dell'angolo di resistenza al taglio di picco φ all'interno di un terreno omogeneo, ma questo vale per qualsiasi altro parametro geotecnico, esiste sempre un valore che possiede una probabilità superiore di manifestarsi rispetto agli altri. Di conseguenza nel campo della meccanica dei terreni si utilizzano comunemente distribuzioni di probabilità non uniformi. Le più frequentemente usate sono le distribuzioni normale e lognormale.

3.2.2.1 Distribuzione normale.

Nella distribuzione di probabilità normale o gaussiana la curva che descrive l'andamento della probabilità è simmetrica ed è centrata intorno al valore medio. Viene spesso descritta come una curva a campana. Prende il nome dal matematico tedesco Carl Friedrich Gauss (1777-1855), anche se in realtà fu scoperta dal matematico francese Abraham de Moivre (1667-1754) quasi un secolo prima. E' in assoluto la distribuzione di probabilità più utilizzata.
La curva che rappresenta la distribuzione normale (densità di probabilità) ha la seguente forma:

$$(1)\; p(x) = \frac{1}{\sigma(x)\sqrt{2\pi}} \exp\left\{-\frac{1}{2}\left[\frac{x-\mu(x)}{\sigma(x)}\right]^2\right\}$$

La variabile x rappresenta la grandezza di cui si deve calcolare la probabilità, µ(x) è la media statistica della popolazione a cui appartiene x e σ(x) è la corrispondente deviazione standard (detto anche scarto quadratico medio).
Nella distribuzione normale la probabilità si calcola integrando l'espressione (1) nell'intervallo -∞, x:

$$(2)\; P(x) = \frac{1}{\sigma(x)\sqrt{2\pi}} \int_{-\infty}^{x} \exp\left\{-\frac{1}{2}\left[\frac{x-\mu(x)}{\sigma(x)}\right]^2\right\} dx$$

La relazione (2) fornisce in pratica l'area sottesa dalla curva a campana nell'intervallo -∞, x e consente di stimare la probabilità che una determinata misura ricada in quest'intervallo. La variabile x rappresenta quindi un valore limite per cui c'è una probabilità P che un dato x' estratto casualmente dalla popolazione, a cui ovviamente x stesso appartiene, sia più piccolo o, al limite, uguale a x. La grandezza P(x) può essere quindi definita come probabilità di non superamento del valore limite x.

La stima dei valori caratteristici dei parametri geotecnici

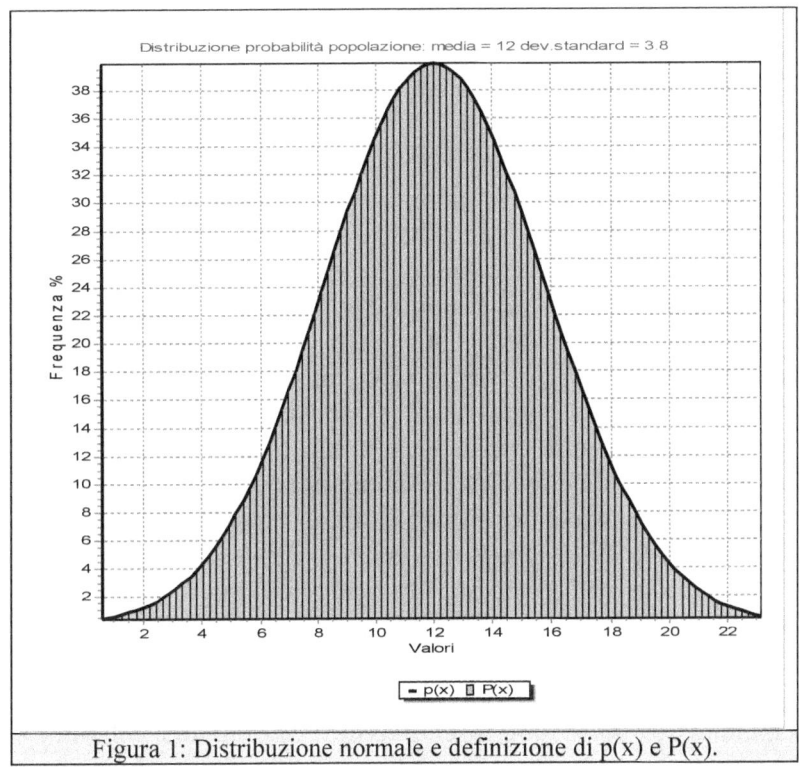

Figura 1: Distribuzione normale e definizione di p(x) e P(x).

Esempio 3.

Supponiamo che la variabile x rappresenti l'angolo di resistenza al taglio di picco φ in un terreno omogeneo. Porre x=30° per una probabilità di non superamento di 0,05 (5%) significa affermare che esiste una probabilità del 5% che una misura effettuata all'interno dello strato fornisca un valore di φ minore o uguale a 30°.

Se si considera l'intervallo -∞, +∞, P risulta uguale a 1, cioè c'è una probabilità del 100% che un qualsiasi dato estratto dalla popolazione ricada in quest'intervallo. Questo è ovvio: c'è una probabilità del 100% che una misura di φ eseguita in un terreno fornisca una valore compreso -∞ e +∞.
Normalmente quando si parla di media s'intende quella aritmetica, definita come segue:

La stima dei valori caratteristici dei parametri geotecnici

$$(3)\ \mu(x) = \frac{1}{n}\sum_{i=1}^{n} x_i$$

dove x_i è l'insieme degli *n* valori della grandezza x che può assumere la popolazione. Nella distribuzione normale il valore medio rappresenta anche quello al quale è associata una probabilità di 0,5 (50%) ed è ubicato al culmine della curva a campana. Nella terminologia statistica il punto in cui la curva p(x) assume il suo valore massimo viene chiamato *moda*, il valore invece per il quale alla grandezza x è associata una probabilità di 0,5 (50%) viene definito *mediana*. Quindi, in una distribuzione normale, media, moda e mediana coincidono.

La deviazione standard $\sigma(x)$ è una misura di dispersione dei dati. Un elevato valore di $\sigma(x)$ caratterizza popolazioni di dati molto dispersi intorno al valore medio. Graficamente una distribuzione normale di una popolazione molto dispersa è rappresentata da una curva in cui il valore di p(x) decresce lentamente ai due lati del valore medio. Al contrario un basso valore di $\sigma(x)$ indica una popolazione poco dispersa e il relativo grafico della distribuzione si presenta con variazioni verso il basso molto rapide di p(x) a sinistra e a destra di $\mu(x)$.

La deviazione standard ha la seguente espressione:

$$(4)\ \sigma(x) = \sqrt{\frac{1}{n-1}\sum_{i=1}^{n}[x_i - \mu(x)]^2}$$

Se si definisce la variabile normalizzata:

$$(5)\ Z = \frac{x - \mu(x)}{\sigma(x)}$$

| La stima dei valori caratteristici dei parametri geotecnici |

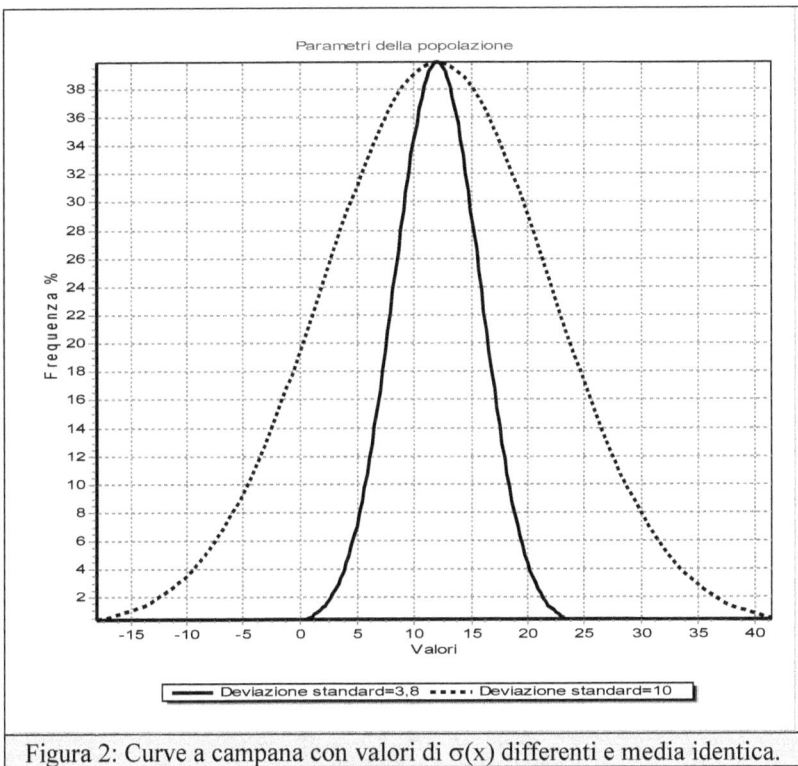

Figura 2: Curve a campana con valori di σ(x) differenti e media identica.

caratterizzata da un valore medio nullo (μ(Z)=0) e una deviazione standard unitaria (σ(Z)=1), l'espressione della curva della distribuzione normale può essere riscritta come segue:

$$(6)\ p(Z) = \frac{1}{\sqrt{2\pi}} \exp\left(-\frac{1}{2}Z^2\right)$$

Uno dei vantaggi che si hanno nell'esprimere l'equazione della curva della distribuzione normale attraverso la variabile normalizzata consiste nel fatto che Z può essere tabellata in funzione della probabilità P. La grandezza Z varia anch'essa nell'intervallo -∞, +∞, e assume valori all'interno del range −3,5, +3,5 per probabilità P comprese fra lo 0,023% e il 99,977%. Fissato quindi a priori il valore della probabilità P è possibile leggere in tabella il corrispondente valore di Z. Per esempio fissata una probabilità P=0,50 (50%) il valore di Z tabellato risulta uguale a 0. Con una probabilità di 0,05 (5%) Z corrisponde a -1,645. Questo ci consente di riscrivere la (5) nel seguente modo:

$$(7)\ x = \mu(x) + Z\sigma(x)$$

che, nell'ipotesi Z=-1,645, diventa:

$$x = \mu(x) - 1,645\sigma(x)$$

Note la media μ(x) e la deviazione standard σ(x) della popolazione, la formula (7) ci consente di calcolare rapidamente, fissata una probabilità di non superamento P(x), il corrispondente valore limite x.

A volte la (7) viene presentata in una forma leggermente differente, dividendo ambo i membri per la media della popolazione μ(x):

$$\frac{x}{\mu(x)} = 1 + Z\frac{\sigma(x)}{\mu(x)}$$

che equivale a:

$$(8)\ x = \mu(x)\left[1 + Z\frac{\sigma(x)}{\mu(x)}\right]$$

Il rapporto σ(x)/μ(x) viene detto coefficiente di variazione (C.O.V.):

$$(9)\ x = \mu(x)[1 + ZC.O.V.]$$

Relativamente al significato della relazione (9) occorre fare alcune osservazioni. Questa formula viene usata generalmente per valutare i valori caratteristici dei materiali da costruzione (calcestruzzo, acciaio, ecc.). Da qui l'equivoco, ancora piuttosto diffuso, che vada impiegata sempre anche per la stima delle proprietà del terreno. Vedremo che in realtà, nell'ambito della geotecnica, questa relazione deve essere impiegata solo in casi particolari e non ne è giustificato quindi l'impiego generalizzato. Torniamo all'esempio del capitolo 2. Abbiamo immaginato di eseguire quattro prove DPSH all'interno dell'area d'indagine. Supponiamo, per ogni prova, di avere calcolato il valore medio del numero di colpi N misurato lungo la verticale. Con N_{media1} chiamiamo la media di N lungo la prova 1, con N_{media2} la media di N lungo la prova 2, eccetera. Molto probabilmente i quattro valori di N_{media} determinati differiranno fra loro e se N ha una distribuzione di probabilità normale si può dimostrare che anche N_{media} avrà la stessa distribuzione. Questo significa che si può trattare N_{media} come una nuova variabile casuale la cui media è uguale alla media della popolazione $\mu(x)$ e la cui deviazione standard è data da:

$$(10)\; \sigma_m = \frac{\sigma(x)}{\sqrt{n}}$$

dove n è, come al solito, l'insieme di tutti i valori possibili della popolazione e $\sigma(x)$ la deviazione standard della popolazione. La relazione (5) a questo punto, per la variabile casuale $x_m = N_{media}$, può essere riscritta come segue:

$$(11)\; Z = \frac{x_m - \mu(x)}{\sigma_m} = \frac{x_m - \mu(x)}{\frac{\sigma(x)}{\sqrt{n}}}$$

Come nel caso dell'espressione (5), anche la (11) può essere riscritta come segue:

$$(12)\; x_m = \mu(x) + Z \frac{\sigma(x)}{\sqrt{n}}$$

La relazione (12) consente quindi di stimare x_m fissata una determinata probabilità di non superamento P, ricavando dalle tabelle il corrispondente valore di Z. Con una probabilità di non superamento del 5% si avrà perciò:

$$x_m = \mu(x) - 1{,}645 \frac{\sigma(x)}{\sqrt{n}}$$

Confrontando la (7) con la (12), si evidenzia immediatamente il fatto che, tranne nel caso $n=1$, sarà sempre $x<x_m$.

Esempio 4.

Riferendoci sempre all'angolo di resistenza al taglio di picco φ di un terreno omogeneo, ipotizziamo di conoscere di questo parametro il valore medio μ(φ), poniamo μ(φ)=32°, e la deviazione standard, supponiamo σ(φ)=2°, avendo eseguito 30 misure ($n=30$).
Fissando una probabilità di non superamento P(φ) del 5%, si potrà allora scrivere dalla (7):

$$\varphi_{\lim} = 32° - 1{,}645 \times 2° \approx 29°$$

Quindi esiste una probabilità del 5% che, eseguendo una misura all'interno di questo strato di terreno, si ottenga un valore di φ minore o uguale a 29°.
Ripetendo il calcolo con la (11) invece si ottiene:

$$\varphi_m = \mu(\varphi) - 1{,}645 \frac{\sigma(\varphi)}{\sqrt{n}} = 32° - 1{,}645 \times \frac{2°}{\sqrt{30}} \approx 31°$$

Esiste perciò una probabilità del 5% che, calcolando la media di un campione di 30 dati estratto da questo strato di terreno, si ottenga un valore medio φ_m minore o uguale a 31°.

3.2.2.2 Distribuzione lognormale.

Nella meccanica dei terreni a volte viene utilizzata una distribuzione di probabilità lognormale, caratterizzata da una curva asimmetrica limitata inferiormente dal valore zero e superiormente da +∝. La distribuzione lognormale prende questo nome perché può essere vista come una trasformazione logaritmica di quella normale. In pratica si può passare da una distribuzione lognormale a una normale semplicemente calcolando il logaritmo naturale della variabile x, con la condizione che sia x>0:

$$(12)\ y = \ln(x)$$

dove la variabile y ha una distribuzione normale e la x una distribuzione lognormale.
La curva di distribuzione della probabilità (densità di probabilità) assume la seguente forma:

$$(13)\ p(x) = \frac{1}{x\sqrt{2\pi}\sigma(y)} \exp\left\{-\frac{1}{2}\left[\frac{\ln(x)-\mu(y)}{\sigma(y)}\right]^2\right\}$$

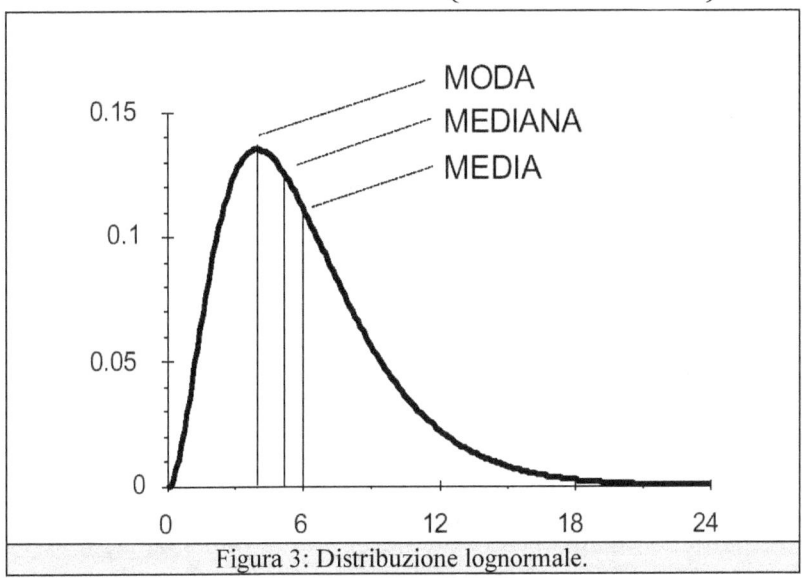

Figura 3: Distribuzione lognormale.

Le grandezze µ(y) e σ(y) rappresentano rispettivamente la media e la deviazione standard della variabile y. Sono collegate alla media µ(x) e alla deviazione standard σ(x) della variabile x attraverso le seguenti relazioni:

$$(14)\ \mu(y) = \ln[\mu(x)] - \frac{1}{2}\ln\left\{1 + \frac{\sigma^2(x)}{\mu^2(x)}\right\}$$

$$(15)\ \sigma(y) = \ln\left\{1 + \frac{\sigma^2(x)}{\mu^2(x)}\right\}$$

A causa dell'assimetria della curva, i valori di media, moda e mediana non coincidono, a differenza di quanto accade invece nella distribuzione normale. Si ha infatti:

moda<mediana<media

Quindi il punto di massimo della curva p(x) (moda) si trova sempre spostato verso sinistra rispetto al valore medio µ(x) e questo spostamento, e quindi l'asimmetria della curva, è tanto maggiore quanto più elevato è il valore di µ(y).

3.2.2.3 Media e deviazione standard campionarie.

Abbiamo definito nel paragrafo 3.2.2.1 le grandezze media µ(x) e deviazione standard σ(x) della *popolazione*. Come già detto in precedenza, per popolazione intendiamo l'insieme di *tutti* i valori possibili che la variabile x può assumere.
Nell'esempio presentato nel capitolo precedente la popolazione è costituita perciò dall'insieme di tutti i valori possibili che il parametro angolo di resistenza al taglio di picco φ può assumere all'interno del volume significativo. Che, ricordiamolo, è stato quantificato in 30.000 mc. Abbiamo calcolato anche che, almeno in teoria, bisognerebbe eseguire circa centomila prove penetrometriche dinamiche per ottenere l'intera popolazione di φ. Poiché questo ovviamente non è praticamente possibile, bisogna concludere che non ci è permesso calcolare e conoscere il valore esatto di µ(φ) e σ(φ). Di fatto le grandezze µ(x) e σ(x) sono sempre incognite, di cui, nella migliore delle ipotesi, possiamo eseguire solo una stima approssimativa.
Immaginiamo di avere eseguito *n* misure della grandezza *x* all'interno del nostro strato omogeneo. Utilizzando la formula (3), calcoliamo il valore medio di x:

$$(16)\; m(x) = \frac{1}{n}\sum_{i=1}^{n} x_i$$

Attraverso la formula (4) ricaviamo invece la sua deviazione standard:

$$(17)\; s(x) = \sqrt{\frac{1}{n-1}\sum_{i=1}^{n}[x_i - m(x)]^2}$$

Le grandezze m(x) e s(x) rappresentano, rispettivamente, la media e la deviazione standard del campione di misure e vengono dette media e deviazione standard *campionarie*. Essendo n solo un insieme limitato di valori estratto dalla popolazione, in genere i valori calcolati di m(x) e di s(x) (media e deviazione standard del campione) non corrispondono a μ(x) e σ(x) (media e deviazione standard della popolazione). La distinzione concettualmente è analoga a quella vista fra frequenza e probabilità a priori. Con il crescere cioè del numero di misure *n* eseguito, i valori di di m(x) e di s(x) tendono sempre meglio ad approssimare μ(x) e σ(x). Quindi si ha:

$$(18)\; \lim_{n\to\infty} m(x) = \mu(x)$$

$$(19)\; \lim_{n\to\infty} s(x) \approx \sigma(x)$$

Il simbolo ≈ presente nella (19) sta a indicare che in realtà s(x) non è una stimatore corretto di σ(x) e che la relazione esatta andrebbe scritta come segue:

$$(20)\; \lim_{n\to\infty} \sqrt{\frac{n}{n-1}} s(x) = \sigma(x)$$

D'altra parte la grandezza √n/n-1 già per campioni con *n*>5 differisce dall'unità solo per la seconda cifra decimale e quindi, a meno di non avere campioni molto poco numerosi (*n*≤5), la correzione si può trascurare.

3.2.2.4 Distribuzione di Student.

Considerato che m(x) e s(x) rappresentano solo delle approssimazioni di $\mu(x)$ e $\sigma(x)$ e che queste approssimazioni migliorano con l'aumentare del numero di misure n eseguito, ci si può chiedere se è possibile individuare un valore limite di n oltre il quale si possa avere la ragionevole certezza che m(x) $\approx\mu(x)$ e s(x) $\approx\sigma(x)$. In altre parole, quante misure è necessario fare per avere un'accettabile corrispondenza fra m(x) e $\mu(x)$ e fra s(x) e $\sigma(x)$? Le formule delle distribuzioni normale e lognormale richiedono una stima accettabile di $\mu(x)$ e $\sigma(x)$ per poter funzionare, quindi il problema della valutazione di queste due grandezze è di fondamentale importanza.

<u>Esempio 5.</u>

Chiariamo meglio la differenza fra media e deviazione standard della popolazione e del campione attraverso alcune simulazioni. Riprendiamo quindi l'esempio 3 del capitolo 2, supponendo di avere eseguito le 100.000 prove penetrometriche dinamiche necessarie per campionare l'intera popolazione di valori di N_{DPSH} (numero di colpi con il DPSH per un avanzamento di 30 cm) all'interno del volume significativo. Avendo misurato la popolazione nella sua totalità siamo in grado di stimare, con le formule (3) e (4), i valori esatti della media della popolazione e della corrispondente deviazione standard.
Ipotizziamo quindi di avere calcolato:

$$\mu(N_{DPSH})=12 \text{ e } \sigma(N_{DPSH})=3,8$$

Ora, da questa popolazione, estraiamo a caso un campione di n dati e di questo calcoliamo la media m(N_{DPSH}) e la deviazione standard s(N_{DPSH}) campionarie. Vediamo ora, confrontando le distribuzioni di probabilità teorica, relativa cioè all'intera popolazione, e del campione, il grado di approssimazione fra le due curve al variare di n.

I caso: $n=100$:
In questo caso (figura 4) le due distribuzioni sono quasi coincidenti. Questo significa che $m(N_{DPSH})$ e $s(N_{DPSH})$ sono dei validi stimatori di $\mu(N_{DPSH})$ e $\sigma(N_{DPSH})$.

II caso: $n=30$:
Le due distribuzioni (figura 5) cominciano a mostrare delle differenze, anche se non drammatiche. Le grandezze $m(N_{DPSH})$ e $s(N_{DPSH})$ si possono ancora considerare degli stimatori accettabili di $\mu(N_{DPSH})$ e $\sigma(N_{DPSH})$.

III caso: $n=15$:
La differenza fra le due distribuzioni (figura 6) è ora significativa. E' ancora possibile considerare $m(N_{DPSH})$ e $s(N_{DPSH})$ come stimatori di $\mu(N_{DPSH})$ e $\sigma(N_{DPSH})$, ma a costo di introdurre un'approssimazione non più trascurabile.

IV caso: $n=4$:
E' evidente che (figura 7) le due distribuzioni non sono più confrontabili. Non è più possibile usare $m(N_{DPSH})$ e $s(N_{DPSH})$ come di stimatori di $\mu(N_{DPSH})$ e $\sigma(N_{DPSH})$.

La stima dei valori caratteristici dei parametri geotecnici

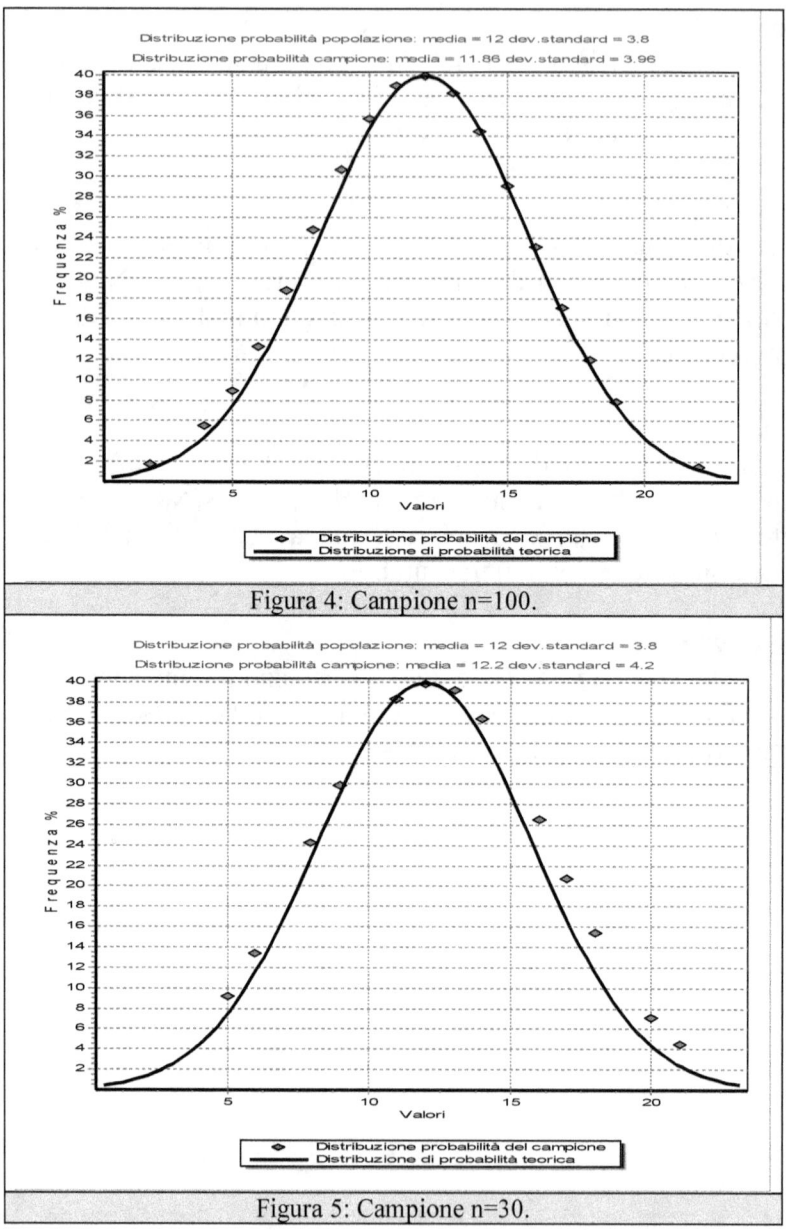

Figura 4: Campione n=100.

Figura 5: Campione n=30.

La stima dei valori caratteristici dei parametri geotecnici

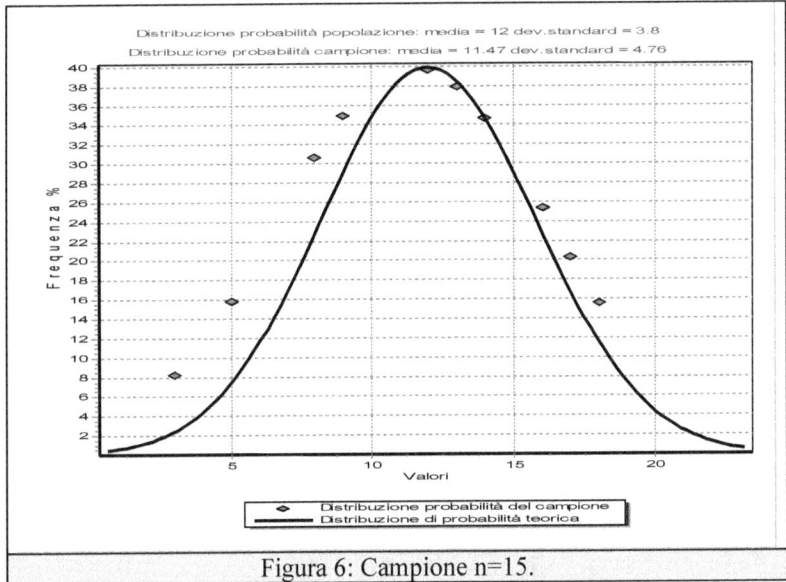

Figura 6: Campione n=15.

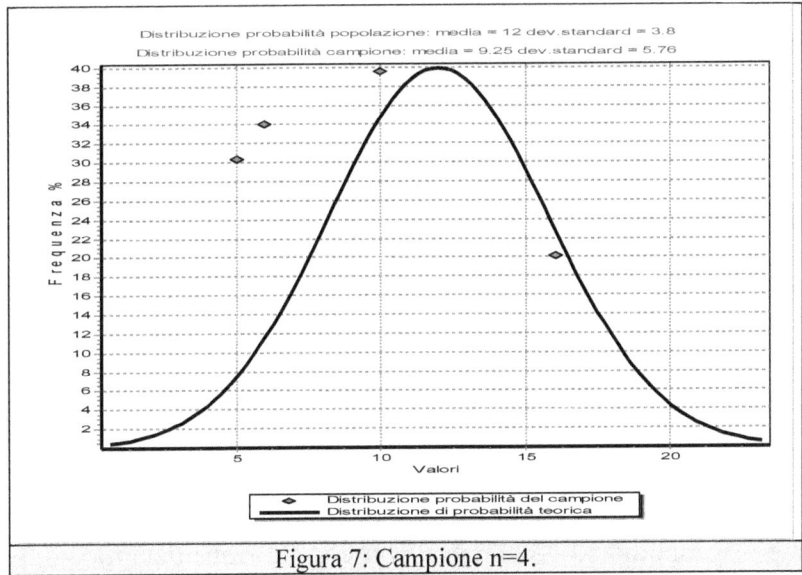

Figura 7: Campione n=4.

E' ormai quasi universalmente accettata l'opinione secondo la quale per $n \geq 30$ m(x) e s(x) sono da considerarsi dei validi stimatori di $\mu(x)$ e $\sigma(x)$. Con un numero di misure inferiore a 30 invece la distribuzione normale diventa difficilmente applicabile

La stima dei valori caratteristici dei parametri geotecnici

in quanto gli errori insiti nella valutazione di μ(x) e σ(x), eseguita attraverso m(x) e s(x), non sono più trascurabili.
La questione relativa al modo di procedere nel caso di campioni di dimensioni ridotte (*n*<30), per quanto riguarda la distribuzione normale, fu affrontata e risolta per la prima volta dallo statistico inglese William S. Gosset (1876-1937). Gosset, vincolato per contratto all'azienda per cui lavorava, una notissima fabbrica di birra irlandese, era costretto a pubblicare i propri articoli sulle riviste scientifiche utilizzando lo pseudonimo di Student. Esattamente come capita ai professionisti della geotecnica, al dottor Gosset, alias Student, veniva spesso chiesto di fornire risposte importanti partendo da un numero ridotto di dati.
Nel caso quindi in cui *n*<30 la distribuzione normale andrà sostituita con quella scoperta da Student. Viene definita una nuova grandezza, nota come t di Student:

$$(21) \quad t = \frac{x_m - \mu(x)}{\frac{s(x)}{\sqrt{n}}}$$

La relazione (21) è simile alla (11) con la differenza che invece della deviazione standard della popolazione σ(x) compare quella campionaria s(x). Inoltre, fissata una probabilità di non superamento P, *t* varia in funzione del numero di misure, mentre la grandezza Z è una costante. La *t* di Student viene generalmente tabellata in funzione del grado di libertà ν, definito come:

$$(22) \quad \nu = n - 1$$

dove *n* è, come sempre, il numero di misure eseguite. Per esempio, con una probabilità di non superamento del 5%, Z assume il valore di −1,645, mentre *t* varia in funzione del grado di libertà come indicato nella seguente tabella:

La stima dei valori caratteristici dei parametri geotecnici

$\nu = n-1$	$t_{n-1}^{0,05}$
1	-6,314
2	-2,920
3	-2,353
4	-2,132
5	-2,015
6	-1,943
7	-1,895
8	-1,860
9	-1,833
10	-1,812
11	-1,796
12	-1,782
13	-1,771
14	-1,761
15	-1,753
16	-1,746
17	-1,740
18	-1,734
19	-1,729
20	-1,725
21	-1,721
22	-1,717
23	-1,714
24	-1,711
25	-1,708
26	-1,706

27	-1,703
28	-1,701
29	-1,699
30	-1,697
40	-1,684
60	-1,671
120	-1,658
∞	-1,645
Tabella 1	

Si può notare dalla tabella come, al crescere del numero di misure n la variabile t tende al valore di Z. Con $n \geq 30$ la differenza fra Z e t diventa trascurabile. La distribuzione di Student tende infatti ad approssimare sempre meglio quella normale al crescere delle misure eseguite.

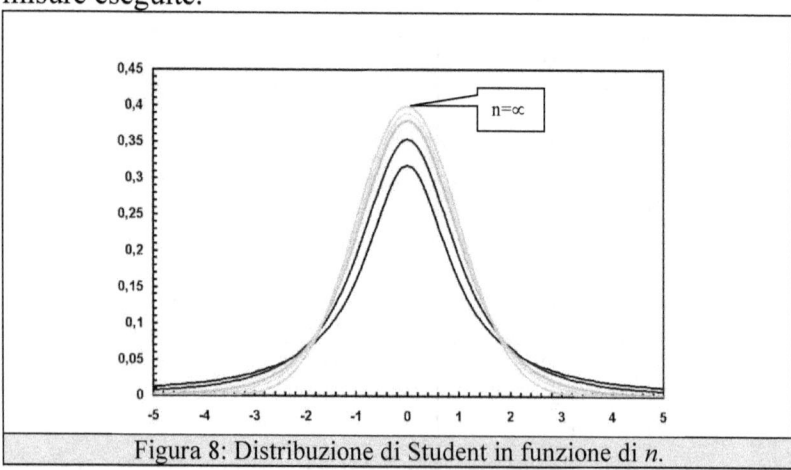

Figura 8: Distribuzione di Student in funzione di n.

Similmente alla relazione (12), la (21) può essere riscritta come segue:

$$(23)\; x_m = \mu(x) + t \frac{s(x)}{\sqrt{n}}$$

Naturalmente nulla vieta, in linea di principio, l'utilizzo della distribuzione di Student anche nel caso $n \geq 30$. La variabilità di t

in funzione di n ne rende però scomodo l'impiego, senza che ci sia in questo caso, come contropartita, un guadagno significativo di precisione.

3.2.3 Teorema di Bayes.

Il teorema di Bayes prende il nome dall'inglese Thomas Bayes (1702-1761), reverendo protestante con l'hobby della matematica. All'epoca la figura dello scienziato specialista non esisteva e i progressi nei vari campi tecnico-scientifici avvenivano grazie a personaggi che oggi sarebbero considerati dei dilettanti talentuosi. Un esempio per tutti è lo scozzese James Hutton (1726-1797), il padre della geologia moderna, che in realtà era un medico.

Il teorema di Bayes introduce il concetto di probabilità condizionata o *a posteriori*. Abbiamo visto che per probabilità *a priori* si intende la frequenza teorica con cui dovrebbe verificarsi un evento, cioè quella calcolabile prima di aver eseguito qualsiasi misura. Il teorema di Bayes consente di valutare come si modifica la probabilità a priori di un evento in seguito al risultato delle misure eseguite.

L'espressione del teorema di Bayes è la seguente:

$$(24)\ P(A\mid B) = \frac{P(B\mid A)xP(A)}{P(B\mid A)xP(A) + P(B\mid A')xP(A')}$$

dove:

$P(A|B)$ = probabilità che si verifichi l'evento A se si verifica l'evento B;
$P(B|A)$ = probabilità che si verifichi l'evento B se si verifica l'evento A;
$P(A)$ = probabilità a priori che si verifichi l'evento A;
$P(B|A')$ = probabilità che si verifichi l'evento B se non si verifica l'evento A = 1-P(B|A);
$P(A')$ = probabilità che non si verifichi l'evento A =1-P(A).

Esempio 6.

Chiariamo la relazione (24) con un esempio.
Supponiamo di sapere che lo strato omogeneo che stiamo indagando sia una sabbia media e che questo terreno sia emerso anche in indagini eseguite in siti contigui.
Nelle misure effettuate nelle zone circostanti abbiamo riscontrato che l'angolo di attrito di resistenza al taglio φ varia nell'intervallo 31°-34° e che quindi può assumere quattro valori: 31, 32, 33 e 34. Inoltre abbiamo calcolato che in cinque casi su sei il valore medio di φ, nelle aree limitrofe, è risultato di 32°. A questo punto abbiamo eseguito nel nostro strato di sabbia media una prova SPT in foro di sondaggio e, interpretando i valori di N_{spt} ottenuti, abbiamo stimato che l'angolo di resistenza al taglio di picco φ, nei 45 cm di terreno indagati con questo test, è uguale a 32°. Ci domandiamo: qual è la probabilità a posteriori che il valore φ=32° ottenuto dalla prova SPT sia effettivamente rappresentativo dello strato, cioè corrisponda al valore medio? In questo esempio, ponendo le frequenze come stime accettabili delle probabilità, abbiamo:
P(A)= probabilità a priori, prima cioè dell'esecuzione della prova, che il valore misurato sia quello rappresentativo dello strato: abbiamo quattro valori possibili (31, 32, 33 e 34), quindi P(A)=1/4 = 0,25;
P(B|A)= probabilità che il valore φ=32° sia quello medio nei siti indagati con le stesse caratteristiche geotecniche: in cinque casi su sei φ=32° è risultato effettivamente il valore medio, quindi P(B|A)=5/6=0,83;
P(A')=1-P(A)=1-0,25=0,75;
P(B|A')=1-P(B|A)=1-0,83=0,17.

Con questi dati la (24) diventa:

$$P(A\mid B) = \frac{0,83 x 0,25}{0,83 x 0,25 + 0,17 x 0,75} = 0,62 = 62\%$$

| La stima dei valori caratteristici dei parametri geotecnici |

Esiste quindi una probabilità del 62% che il valore φ=32° misurato sia effettivamente rappresentativo dello strato e non un'anomalia locale. Da notare il fatto che la probabilità a priori, quindi prima della misura, era del 25%.

Come in tutti gli strumenti matematici della statistica, anche nel teorema di Bayes bisogna fare attenzione all'esatto significato dei dati introdotti. In caso contrario si rischia di ottenere dei risultati paradossali.

Esempio 7.

Riprendiamo il caso precedente. Questa volta supponiamo di avere ricavato, nelle indagini eseguite in siti contigui, un range di variazione di φ molto più elevato, per esempio 27°-37°. La probabilità a priori che il valore rappresentativo di φ sia uguale a 32° in questo caso è più bassa, perché i valori possibili sono undici e non più quattro. Cioè P(A)=1/11=0,09. Lasciando invariata la P(B|A), ipotizzando cioè ancora che cinque volte su sei si sia ottenuto, nelle aree limitrofe, un valore medio di φ di 32°, la (24) fornisce il seguente risultato:

$$P(A|B) = \frac{0,83 x 0,09}{0,83 x 0,09 + 0,17 x 0,91} = 0,32 = 32\%$$

Questo significa che, nonostante nelle aree contigue si abbia una frequenza superiore al 80% del valore medio φ=32° e la misura diretta nel sito indagato abbia fornito lo stesso risultato, la probabilità a posteriori che questo sia il valore rappresentativo di φ raggiunge appena il 30%. Cioè, in altre parole, l'informazione in più ottenuta con la prova SPT non ci è stata di nessuna utilità.

E' evidente che la differenza nei valori della probabilità a posteriori calcolati nei due casi è causata dalla diversità nelle stime di P(A). Il valore basso del secondo caso dipende dal range elevato dei valori di φ utilizzato (27°-37°), il quale, a sua volta, risente del fatto che quasi sicuramente le indagini eseguite nei siti

> **La stima dei valori caratteristici dei parametri geotecnici**

limitrofi hanno in realtà interessato terreni eterogenei e non strettamente confrontabili con quello in esame.

3.3 Stima dei valori caratteristici.

3.3.1 Introduzione.

Dopo aver introdotto rapidamente i concetti che sono alla base dell'approccio statistico per la stima dei valori caratteristici dei parametri geotecnici, è possibile passare alla loro applicazione pratica.
Abbiamo detto che in tutti i casi la probabilità di non superamento da utilizzare dovrà essere quella del 5%, come specificato nell'EC0 e nell'EC7. La scelta di un valore di soglia così basso (5%) è coerente con le indicazioni degli Eurocodici e della Normativa nazionale, dove si parla del valore caratteristico come stima cautelativa del parametro del terreno. In una distribuzione normale o lognormale la probabilità del 5% si colloca nella coda di sinistra della curva di densità di probabilità, dove si concentrano i valori più bassi della media e meno probabili. Graficamente corrisponde al 5% dell'area sottesa dal grafico della distribuzione di probabilità. Si può affermare che questa scelta deriva dalla legge di Murphy applicata alla geotecnica: di tutti i valori possibili che può assumere il nostro parametro geotecnico all'interno dello strato omogeneo indagato, dobbiamo presumere che nel volume significativo della nostra opera si manifesterà quello che corrisponde a una probabilità del 5%.
La procedura di calcolo da seguire, di volta in volta, dovrà essere scelta principalmente in base a due criteri.

1. Il numero di misure effettuate, cioè le dimensioni del campione.
   Per stimare il valore che corrisponde alla probabilità di non superamento del 5% dobbiamo prima ricostruire la curva della densità di probabilità e per farlo necessitiamo di conoscere la media e la deviazione standard della popolazione. La stima di queste due grandezze migliora con l'aumentare delle dimensioni del campione. Come vedremo

La stima dei valori caratteristici dei parametri geotecnici

più avanti, nell'approccio statistico quello che conta è la quantità e non la qualità: dieci valori di angolo di attrito ottenuti con correlazioni empiriche basate su prove S.P.T. hanno più valore di un singolo dato di φ ricavato da una prova triassiale; i primi infatti forniscono un'indicazione migliore della variabilità del parametro nel terreno; l'unico valore ottenuto dalla prova di laboratorio, per quanto sofisticata possa essere, potrebbe semplicemente rispecchiare un'anomalia locale;

2. La presenza o meno di compensazione delle resistenze del terreno.
   Secondo quanto indicato nella Circolare 02.02.2009, paragrafo C6.2.2, ricordiamo che dove le resistenze siano compensate (vedi paragrafo 2.4) o non compensate ma misurate direttamente il valore caratteristico scelto dovrà essere prossimo a quello medio misurato all'interno del volume significativo, viceversa dovrà essere assunto prossimo a quello minimo.

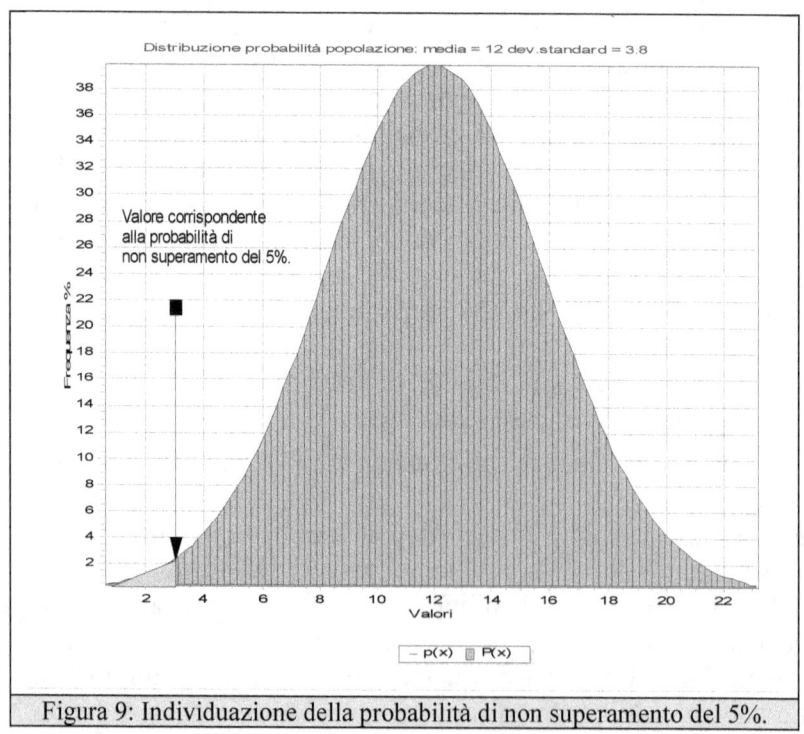

Figura 9: Individuazione della probabilità di non superamento del 5%.

La stima dei valori caratteristici dei parametri geotecnici

Un breve accenno alla distribuzione di probabilità dei principali parametri geotecnici. Esistono indicazioni in letteratura sul fatto che l'angolo di resistenza al taglio φ non segua una distribuzione normale, ma la sua tangente sì. Questo significa che la variabile da inserire nelle formule non è φ ma *tan*(φ). Cioè

$$x = tan(\varphi).$$

Sembra inoltre che la coesione non drenata c_u segua una distribuzione lognormale. Quindi la variabile da utilizzare per le stime non dovrà essere direttamente la c_u ma il suo logaritmo naturale. Cioè:

$$x = ln(c_u)$$

E' chiaro che i risultati dei calcoli andranno poi riconvertiti:

$$\varphi_k = arctan(x_k) \text{ e } c_{uk} = e^{x_k}$$

Il φ e la c_u caratteristici si otterranno perciò calcolando rispettivamente l'arcotangente e l'esponenziale della variabile x_k ottenuta come risultato.
Per quanto riguarda gli altri parametri geotecnici non esistono indicazioni chiare e quindi converrà trattarli come se avessero una distribuzione normale.

3.3.2 Campioni numerosi (n≥30).

In questo caso è possibile impiegare direttamente le relazioni viste per le distribuzioni normale e lognormale. Si pone cioè µ(x)≈m(x) e σ(x)≈s(x).

3.3.2.1 Resistenze compensate o non compensate da misure dirette.

Si tratta di eseguire una stima cautelativa del valore medio dei parametri geotecnici. La formula da usare è la (12) con Z=-1,645:

$$x_{medio}^{5\%} = \mu(x) - 1,645 \frac{\sigma(x)}{\sqrt{n}}$$

Esempio 8.
E' stata eseguita una prova penetrometrica statica a punta meccanica. Fino alla profondità di 6 metri dal p.c. è presente uno strato omogeneo di sabbia mediamente addensata. Con passo di lettura di 20 cm sono stati misurati 30 valori di resistenza alla punta q_c.

Profondità (m)	q_c(kg/cmq)
0,2	77
0,4	82
0,6	40
0,8	92
1,0	99
1,2	91
1,4	68
1,6	63
1,8	112
2,0	76
2,2	114
2,4	39
2,6	84
2,8	53
3,0	77
3,2	53
3,4	28
3,6	87
3,8	92
4,0	85
4,2	80
4,4	69
4,6	79
4,8	51
5,0	47
5,2	80
5,4	102

La stima dei valori caratteristici dei parametri geotecnici

5,6	75
5,8	89
6,0	76

Sono state calcolate la media e la deviazione standard del campione, assumendole quindi uguali alla media e alla deviazione standard della popolazione:

$$m(q_c) = 75,33 \cong \mu(q_c)$$
$$s(q_c) = 21,5 \cong \sigma(q_c).$$

Applicando la (12) con Z=-1,645, si ha

$$q_{c\,medio}^{5\%} = \mu(q_c) - 1,645 \frac{\sigma(q_c)}{\sqrt{n}} = 75,33 - 1,645 \frac{21,5}{\sqrt{30}} = 68,87$$

Il valore caratteristico di q_c determinato (q_{ck}) può essere utilizzato direttamente per ricavare i valori caratteristici dei parametri geotecnici dello strato attraverso l'applicazione delle formule empiriche della letteratura, senza la necessità di ulteriori elaborazioni.
Per esempio, per stimare il valore caratteristico di φ si può usare la relazione di Meyerhof:

$$\varphi = 17 + 4,49 \ln(q_c)$$

inserendo come dato di input q_{ck}.

$$\varphi_k = 17 + 4,49 \ln(q_{ck}) = 17 + 4,49 \ln(68,87) = 36°$$

3.3.2.2 Resistenze non compensate da misure estrapolate.

Bisogna calcolare il valore caratteristico stimandolo prossimo al valore minimo misurato. Si utilizza la formula (7), sempre con Z=-1,645:

$$x_{min}^{5\%} = \mu(x) - 1,645 \sigma(x).$$

Esempio 9.

Riprendendo i dati della prova dell'esempio 8, si ha:

$$q_{c\,min}^{5\%} = \mu(q_c) - 1{,}645\sigma(q_c) = 75{,}33 - 1{,}645 x 21{,}5 = 39{,}96$$

Il parametro φ$_k$ in questo caso risulta:

$$\varphi_k = 17 + 4{,}49\ln(q_{c_k}) = 17 + 4{,}49\ln(39{,}96) = 33°$$

3.3.3 Campioni poco numerosi (n≥5 e n<30).

3.3.3.1 Resistenze compensate o non compensate da misure dirette.

Per calcolare un valore cautelativo della media con *n*<30 diventa consigliabile l'utilizzo della distribuzione di Student. La formula da usare è la (23) con t, variabile in funzione del grado di libertà (ν=*n*-1), che può essere ricavato dalla tabella 1:

$$x_{medio}^{5\%} = \mu(x) + t_\nu^{5\%} \frac{s(x)}{\sqrt{n}}$$

Esempio 10.

Supponiamo che lo strato omogeneo attraversato dalla prova penetrometrica statica dell'esempio 8 abbia uno spessore di soli 4 m. In tutto quindi vengono campionati 20 valori di q$_c$.

Profondità (m)	q$_c$(kg/cmq)
0,2	100
0,4	83
0,6	38
0,8	100
1,0	80
1,2	117

La stima dei valori caratteristici dei parametri geotecnici

1,4	109
1,6	116
1,8	122
2,0	58
2,2	52
2,4	83
2,6	83
2,8	76
3,0	47
3,2	91
3,4	61
3,6	81
3,8	31
4,0	61

Si calcolano la media e la deviazione standard del campione:

$m(q_c) = 79,45$
$s(q_c) = 27,32$

Si pone quindi $m(q_c) \cong \mu(q_c)$. Con $n=20$ il t di Student per una probabilità di non superamento del 5% è uguale a -1,725 (tabella 1). Quindi si ha:

$$q_{c\,medio}{}^{5\%} = \mu(q_c) + t_v^{5\%} \frac{s(q_c)}{\sqrt{n}} = 79,45 - 1,725 \frac{27,32}{\sqrt{20}} = 68,91$$

Con la formula di Meyerhof si ottiene:

$$\varphi_k = 17 + 4,49 \ln(q_{c_k}) = 17 + 4,49 \ln(68,91) = 36°$$

3.3.3.2 Resistenze non compensate da misure estrapolate.

Dando per scontata una certa approssimazione, si può continuare a utilizzare la formula (7) con Z=-1,645, ponendo $\mu(x) \approx m(x)$ e $\sigma(x) \approx s(x)$. Eventualmente, se n≤10, si può applicare la correzione:

$$\sigma(x) \approx \sqrt{\frac{n}{n-1}} s(x)$$

$$x_{min}{}^{5\%} = \mu(x) - 1{,}645\sigma(x).$$

In alternativa è possibile usare la cosiddetta regola del tre-sigma. In una distribuzione normale il 99,73% delle misure ricadono a una distanza dal valore medio di tre volte la deviazione standard. In altre parole c'è una probabilità del 99,73% che una misura estratta a caso dalla popolazione giaccia nell'intervallo ±3σ(x) rispetto al media μ(x). Definiamo allora il valore più alto (HCV) e il valore più basso (LCV) concepibili nella popolazione attraverso le seguenti relazioni:

$$(25)\ HCV = \mu(x) + 6\sigma(x)$$
$$(26)\ LCV = \mu(x) - 6\sigma(x)$$

Fondendo insieme la (25) e la (26) si ottiene:

$$(27)\ \sigma(x) = \frac{HCV - LCV}{6}$$

La relazione (27) in teoria ci permette di stimare la deviazione standard della popolazione σ(x) noti i valori di HCV e LCV, dove HCV è il valore più elevato misurato nella popolazione e LCV quello più basso. Questa relazione, nella pratica, è applicabile nella forma (27) solo nel caso in cui sia possibile stimare con una buona precisione i due valori estremi HCV e LCV e quindi solo nel caso di campioni numerosi ($n \geq 30$). E' evidente infatti che in campioni numericamente esigui è improbabile che si riesca a individuare contemporaneamente quelli che sono i valori più bassi e più alti della popolazione. D'altra parte in presenza di un campione abbondante la deviazione standard può essere stimata, con buona approssimazione, direttamente attraverso la relazione (4), rendendo inutile la (27).

La regola del tre-sigma rientra in gioco, nel caso di campioni poco numerosi, se la si riscrive nella seguente forma:

La stima dei valori caratteristici dei parametri geotecnici

$$(28) \quad \sigma(x) = \frac{HCV - LCV}{N_m}$$

dove il denominatore N_m è una variabile, con valore minore di sei, funzione del numero di misure eseguite. La grandezza N_m si ottiene dalla seguente tabella (Burlington e May, 1970):

Numero misure n	N_m
2	1,1
3	1,7
4	2,1
5	2,3
6	25
7	2,7
8	2,9
9	3,0
10	3,1
11	3,2
12	3,3
20	3,7
30	4,1
Tabella 2	

Esempio 11.

Riprendiamo i dati della prova dell'esempio 10.
Calcoliamo il valore caratteristico di q_c (q_{ck}) nel caso di resistenze non compensate da misure estrapolate con la formula (7), stimando la deviazione standard con la regola del tre-sigma.
Poniamo la media della popolazione $\mu(q_c)$ circa uguale alla media del campione $m(q_c)$:

$$\mu(q_c) \approx m(q_c) = 79,45$$

Calcoliamo la deviazione standard della popolazione $\sigma(q_c)$, estraendo $N_m = 3,7$ ($n=20$) dalla tabella 2:

$$\sigma(q_c) = \frac{HCV - LCV}{N_m} = \frac{122 - 31}{3,7} = 24,59$$

Stimiamo ora il valore caratteristico di q_c:

$$q_{ck} = 79,45 - 1,645 \times 24,59 = 38,99$$

Con la formula di Meyerhof si ottiene:

$$\varphi_k = 17 + 4{,}49\ln(q_{ck}) = 17 + 4{,}49\ln(38{,}99) = 33°$$

Da notare che il valore caratteristico così calcolato ha un valore prossimo al valore minimo di q_c misurato (31). Questo ci conferma che il valore di LCV scelto in realtà non approssima molto bene quello minimo concepibile della popolazione. Se avessimo utilizzato quindi la relazione (7) direttamente avremmo ottenuto un valore caratteristico sovrastimato:

$$\sigma(q_c) = \frac{HCV - LCV}{6} = \frac{122 - 31}{6} = 15{,}16$$

$$q_{ck} = 79{,}45 - 1{,}645 x 15{,}16 = 54{,}51$$

$$\varphi_k = 17 + 4{,}49\ln(q_{ck}) = 17 + 4{,}49\ln(54{,}51) = 35°$$

Se avessimo stimato invece la deviazione standard della popolazione $\sigma(q_c)$ approssimandola con la deviazione standard del campione [$s(q_c)$=27,32], avremmo ottenuto:

$$q_{ck} = 79{,}45 - 1{,}645 x 27{,}32 = 34{,}51$$

$$\varphi_k = 17 + 4{,}49\ln(q_{ck}) = 17 + 4{,}49\ln(34{,}51) = 33°$$

che ci conferma che la stima ottenuta con la regola del tre-sigma modificata è accettabile.

3.3.4 Campioni estremamente poco numerosi (n>1 e n<5).

3.3.4.1 Resistenze compensate o non compensate da misure dirette.

Con n<5 diventa indispensabile l'utilizzo della distribuzione di Student. La formula da usare è sempre la (23) con t, variabile in funzione del grado di libertà (v=n-1), che può essere ricavato dalla tabella 1:

La stima dei valori caratteristici dei parametri geotecnici

$$x_{medio}^{5\%} = \mu(x) + t_v^{5\%} \frac{s(x)}{\sqrt{n}}$$

3.3.4.2 Resistenze non compensate da misure estrapolate.

A meno di non avere rilevato una dispersione estremamente ridotta dei dati, unita a ulteriori indicazioni da altre indagini eseguite sullo stesso terreno in zone contigue, l'uso della (7) con meno di cinque misure è, a dir poco, avventato.
Si può procedere ponendo ancora $\mu(x) \approx m(x)$, ma usando la (7) nella forma (9), cioè passando attraverso la stima del coefficiente di variazione (C.O.V.), sempre con Z=-1,645:

$$x_{min}^{5\%} = \mu(x)[1 - 1,645 C.O.V.].$$

I valori dei coefficienti di variazione si possono ottenere dalla letteratura scientifica. Riassumendo i dati reperibili in letteratura si suggeriscono i seguenti valori di C.O.V. per alcuni parametri geotecnici:

Parametro	C.O.V. medio μ(COV)	Dev.standard di C.O.V. σ(COV)
$\tan(\varphi)$	0,1219	0,0615
c_u	0,4324	0,2328
γ	0,0685	0,0359
C_c	0,3551	0,1269
c_v	0,5050	0,1750
O.C.R.	0,2250	0,1250
k	0,7900	0,1100
N_{spt}	0,3150	0,1650
q_c	0,2600	0,1100
D_r	0,6000	0,1000
w_n	0,1900	0,1100
w_L	0,1800	0,1200
w_P	0,1800	0,1200

| La stima dei valori caratteristici dei parametri geotecnici |

> Legenda:
>
> φ=angolo di resistenza al taglio; c_u=coesione non drenata; γ=peso di volume;
>
> C_c=indice di compressione vergine; c_v =coefficiente di consolidazione verticale;
>
> O.C.R.=rapporto di sovraconsolidazione; k=coefficiente di pemeabilità;
>
> N_{spt}=numero colpi SPT; q_c=resistenza alla punta CPT;
>
> D_r=densità relativa; w_n=umidità naturale; w_L=limite di liquidità; w_P=limite di plasticità

| Tabella 3 |

Osservando la tabella 3, è possibile notare il basso valore di C.O.V. per il parametro γ (peso di volume). Questo in pratica significa che la differenza fra valore medio $γ_m$ e caratteristico $γ_k$ è di fatto trascurabile e quindi il primo ($γ_m$) può essere utilizzato direttamente senza ulteriori elaborazioni.

La deviazione standard del C.O.V., indicata con il simbolo σ(COV), ci fornisce una indicazione sul possibile range di valori da usare come riferimento. Nel caso, per esempio, di un terreno che, pur potendo continuare a essere classificato come omogeneo, mostri una forte variabilità nei valori dei parametri geotecnici misurati, il C.O.V. da impiegare nel calcolo potrà essere posto uguale a:

$$(29)\, C.O.V. = \mu(COV) + \sigma(COV)$$

Viceversa dove il terreno si presenti molto omogeneo, con dispersione dei dati ridotta, il C.O.V. può essere calcolato come segue:

$$(30)\, C.O.V. = \mu(COV) - \sigma(COV)$$

E' chiaro che più è alto il valore del C.O.V. maggiore è la dispersione dei dati, minore sarà di conseguenza il valore di x_{min} stimato.

Esempio 12.

Supponiamo, per esempio, di avere misurato quattro valori di φ all'interno di uno strato omogeneo:

Misura	φ
1	32
2	33
3	31
4	33

Il valore medio è dato da:

m(φ)=[tan(32)+tan(33)+tan(31)+tan(33)]/4=0,631≈μ(φ)

Se, da indicazioni ottenute dall'analisi dei risultati di indagini geognostiche condotte in aree confinanti, sappiamo che quel particolare tipo di terreno è caratterizzato da una forte variabilità, il valore caratteristico di φ (φ_k) si potrà ottenere come segue:

$$C.O.V. = 0,1219 + 0,0615 = 0,1834$$

$$\tan(\varphi_k) = 0,631[1 - 1,645 x 0,1834] = 0,441$$

$$\varphi_k = \arctan(0,441) \cong 24°$$

In uno strato a variabilità ridotta invece si avrà:

$$C.O.V. = 0,1219 - 0,0615 = 0,0604$$

$$\tan(\varphi_k) = 0,631[1 - 1,645 x 0,0604] = 0,568$$

$$\varphi_k = \arctan(0,568) \cong 30°$$

La differenza fra i risultati nei due casi non è trascurabile (6°) e questo significa che la scelta del valore di C.O.V. da introdurre nel calcolo va eseguita con cautela ed è imprescindibile da un'attenta analisi delle informazioni disponibili. Ovviamente sono possibili tutti i casi intermedi, con risultati compresi fra i limiti indicati dalla (29) e dalla (30). Riprendendo l'esempio precedente, in un terreno a media variabilità si potrebbe prendere un valore di φ_k uguale a 28°.

In alternativa è possibile stimare la deviazione standard con la regola del tre-sigma e utilizzare quindi la formula (7) con Z=-1,645.

Esempio 13.

Applichiamo la regola del tre-sigma con $N_m=2,1$ ($n=4$).

$$\sigma(\tan\varphi) = \frac{HCV - LCV}{N_m} = \frac{\tan(33) - \tan(31)}{2,1} = 0,0231$$

$$\tan\varphi_k = 0,631 - 1,645 \times 0,0231 = 0,593$$

$$\varphi_k = 31°$$

3.3.5 Campione unitario (n=1).

Che qualcuno possa storcere il naso, sentendo parlare di analisi statistica condotta su un singolo dato, è comprensibile. E' un po' come fare un sondaggio elettorale intervistando un singolo elettore. Purtroppo però la caratterizzazione geotecnica di un sito basata su un'unica misura è una situazione che si presenta di frequente. Si esegue uno scavo, si preleva un campione e si incarica il laboratorio di fare una prova di taglio diretto. Come trasformare il valore di φ o di c ricavati da quest'unico test nei corrispondenti valori caratteristici?
E' possibile facendo un'assunzione: si deve presumere che il singolo dato ricavato sia indicativo del valore medio. Cioè si deve ipotizzare che x≈µ(x). In questo caso quindi, come nel precedente, la conoscenza del terreno oggetto dell'indagine diventa indispensabile. Per poter affermare che l'unico dato misurato sia rappresentativo del valore medio è necessario avere almeno un'idea approssimativa della variabilità di quel parametro in quel particolare tipo di terreno. In questo contesto può diventare utile l'applicazione del teorema di Bayes, facendo riferimento a dati disponibili rilevati in terreni con caratteristiche simili.
Si può notare che con *n*=1 le formule (7)(resistenze non compensate da misure estrapolate) e (12)(resistenze compensate o non compensate da misure dirette) diventano identiche:

$$\mu(x) + Z\frac{\sigma(x)}{\sqrt{1}} = \mu(x) + Z\sigma(x)$$

Da ciò si deduce che è possibile utilizzare la relazione (9) in ambedue i casi:

$$x_{min}^{5\%} = x_{medio}^{5\%} = \mu(x)[1 - 1{,}645\,C.O.V.]$$

in cui il coefficiente di variazione va dedotto dalla letteratura scientifica (tabella 3).

3.3.6 Campione nullo (n=0).

Questo è un caso estremo che può essere affrontato ovviamente solo facendo riferimento a misure disponibili in aree prossime a quella indagata per terreni con caratteristiche geotecniche simili. Anche in questo caso la relazione da usare, per resistenze compensate e non, è la (9):

$$x_{min}^{5\%} = x_{medio}^{5\%} = \mu(x)[1 - 1{,}645\,C.O.V.]$$

Per la stima dei valori di $\mu(x)$ e del C.O.V. si può fare ricorso alle relazioni di Cherubini e Orr (1999):

$$(31)\ \mu(x) \cong \frac{a + 4b + c}{6}$$

$$(32)\ C.O.V. \cong \frac{c - a}{a + 4b + c}$$

dove:
a = valore minimo stimato di x;
b = valore più probabile stimato di x;
c = valore massimo stimato di x.

Esempio 14.

Sulla base di dati raccolti in campagne geognostiche eseguite in aree limitrofe a quella indagata, immaginiamo di poter valutare i valori minimo, massimo e più probabile di φ per un determinato livello di terreno considerato omogeneo.
Ipotizziamo quindi di avere:
$\varphi_{min}=29°$;
$\varphi_{max}=33°$;
$\varphi_{probabile}=31°$.

Applichiamo quindi le relazioni (31) e (32):

$$\mu(x) \cong \frac{a+4b+c}{6} = \frac{\tan 29° + 4\tan 31° + \tan 33°}{6} = 0,601$$

$$C.O.V. \cong \frac{c-a}{a+4b+c} = \frac{\tan 33° - \tan 29°}{\tan 29° + 4\tan 31° + \tan 33°} = \frac{0,0951}{3,607} = 0,0263$$

Stimiamo ora φ_k:

$$\tan \varphi_k = \mu(\varphi)[1-1,645 C.O.V.] = 0,601[1-1,645 x 0,0263] = 0,575$$

$$\varphi_k = 30°$$

3.3.7 Analisi statistica su parametri correlati.

Spesso i parametri che vengono utilizzati per le verifiche geotecniche allo S.L.U. o allo S.L.E. derivano da correlazioni empiriche che legano queste grandezze ad altre misurate direttamente in situ o in laboratorio. Per esempio, nel caso in cui l'indagine geognostica venga eseguita attraverso l'esecuzione di prove penetrometriche dinamiche o statiche, i parametri misurati direttamente sono il numero di colpi (N_{spt} equivalente) o la resistenza alla punta (q_c) e non, ovviamente, quelli (φ, c_u, E_{50}, eccetera) che andranno poi impiegati nei calcoli geotecnici. La questione è: l'analisi statistica deve essere condotta sui dati misurati o sui parametri ottenuti da questi attraverso l'applicazione delle correlazioni empiriche?
Bisogna distinguere due casi.

La stima dei valori caratteristici dei parametri geotecnici

❑ Correlazione di tipo lineare.
Nel caso in cui la formula che collega il parametro misurato (N_{spt}, q_c o altro) a quello che si desidera stimare (φ, c_u, E_{50}, ecc.) possa essere ricondotta a una relazione del tipo:

$$(33)\ y = a + bx$$

operare statisticamente sui dati misurati o su quelli correlati è, da un punto di vista matematico, del tutto indifferente. Si può infatti dimostrare che medie e deviazioni standard dei dati misurati e di quelli correlati sono legati da relazioni semplici, anch'esse di tipo lineare:

$$(34)\ \mu(y) = a + b\mu(x)$$
$$(35)\ \sigma(y) = b\sigma(x)$$

Esempio 15.

Supponiamo di avere eseguito una prova dinamica continua super pesante (DPSH) e di avere convertito i valori del numero di colpi per trenta centimetri misurati all'interno di uno strato omogeneo in N_{spt} equivalenti. Per ogni intervallo abbiamo quindi stimato l'angolo di resistenza al taglio di picco con la formula:

$$\varphi = 27 + 0{,}3 N_{spt}\ (\text{Japanese National Railway, J.N.R.})$$

Questa correlazione è di tipo lineare, in quanto si può porre:
y = φ;
a = 27;
b = 0,30;
x = N_{spt}.

Segue la tabella con i valori di N_{spt} misurati e i relativi φ calcolati:

N_{spt}	φ°
21	33,3
17	32,1
22	33,6
42	39,6
36	37,8
24	34,2
23	33,9

Aldo Di Bernardo

La stima dei valori caratteristici dei parametri geotecnici

26	34,8
19	32,7
19	32,7
15	31,5
22	33,6
17	32,1
16	31,8
19	32,7
12	30,6
19	32,7
21	33,3
17	32,1
23	33,9
22	33,6

Calcoliamo, a questo punto, il valore medio, la deviazione standard e, attraverso la (23), il valore caratteristico di N_{spt}. Otteniamo:

$\mu(N_{spt}) = 21,52$;
$\sigma(N_{spt}) = 6,70$;
$N_{sptk} = 18,99$.

Attraverso la relazione J.N.R. stimiamo ora il valore di φ collegato al valore caratteristico di N_{spt}:

$$\varphi_{daN_{sptk}} = 27 + 0,3 N_{sptk} = 27 + 0,3 x 18,99 = 32,70°$$

Eseguiamo ora il calcolo, dai dati in tabella, del valore medio, della deviazione standard e, sempre con la (23), del valore caratteristico di φ. Ricaviamo:

$\mu(\varphi) = 33,46°$;
$\sigma(\varphi) = 2,01°$;
$\varphi_k = 32,70°$.

Si nota immediatamente che il valore caratteristico di φ ottenuto è uguale a quello stimato attraverso la correlazione empirica della J.N.R. usando come dato d'ingresso N_{sptk}:

$$\varphi_{daN_{sptk}} = \varphi_k$$

Le grandezze $\mu(\varphi)$ e $\sigma(\varphi)$ si sarebbero potute ottenere direttamente anche attraverso le relazioni (34) e (35):

$$\mu(\varphi) = 27 + 0,3\mu(N_{spt}) = 27 + 0,3 x 21,52 = 33,46°$$

$$\sigma(\varphi) = 0,3\sigma(N_{spt}) = 0,3 x 6,70 = 2,01°$$

La stima dei valori caratteristici dei parametri geotecnici

Anche se da un punto di vista matematico risulta indifferente operare sui dati misurati o su quelli correlati, è evidente che da un punto di vista operativo non è così. Si pensi al caso estremo di una prova statica a punta elettrica: stimare il valore di φ applicando la correlazione empirica lineare scelta per ogni intervallo di 1 o 2 cm e quindi valutare φ$_k$ su quest'insieme di dati potrebbe risultare eccessivamente oneroso in termini di tempo di elaborazione. Più semplice e rapido valutare direttamente il valore di q$_{ck}$ e sulla base di questo calcolare φ$_k$.

❑ Correlazione di tipo non lineare.
Nel caso in cui la formula empirica non possa essere ricondotta alla forma espressa nella (33), il valore del parametro correlato ottenuto impiegando direttamente la formula con il valore caratteristico del dato misurato e quello caratteristico ricavato dall'analisi statistica condotta sul campione di dati stimati con la relazione empirica applicata a ogni singolo dato misurato non coincidono.

Esempio 16.

Riprendiamo i dati dell'esempio 15, calcolando φ questa volta con la relazione:

$$\varphi = 15 + 4,472 N_{spt}^{0,5} \quad \text{(Owasaki \& Iwasaki)}$$

Questa correlazione non è di tipo lineare, perché la variabile N$_{spt}$ ha un esponente diverso da uno (0,5).
Come nell'esempio precedente, stimiamo il valore di φ per ogni valore di N$_{spt}$ misurato.

N$_{spt}$	φ°
21	35,49
17	33,43
22	35,98
42	43,98
36	41,83
24	36,91
23	36,45
26	37,80
19	34,49
19	34,49

15	32,32
22	35,98
17	33,43
16	32,89
19	34,49
12	30,49
19	34,49
21	35,49
17	33,43
23	36,45
22	35,98

Attraverso la relazione di O.&I. stimiamo ora il valore di φ collegato al valore caratteristico di N_{spt} ($N_{sptk}= 18,99$):

$$\varphi_{daN_{sptk}} = 15 + 0,472 N_{sptk}^{0,5} = 15 + 4,472 x 18,99^{0,5} = 34,49°$$

Eseguiamo ora il calcolo del valore medio, della deviazione standard e, sempre con la (23), del valore caratteristico di φ dai dati in tabella. Ricaviamo:
$\mu(\varphi) = 35,54°$;
$\sigma(\varphi) = 2,84°$;
$\varphi_k = 34,41°$.
E' evidente che ora i due valori di φ ottenuti non coincidono esattamente, come invece avveniva nell'esempio 15. Si ha cioè:

$$\varphi_{daN_{sptk}} <> \varphi_k$$

L'esempio precedente è servito a chiarire il fatto che, da un punto di vista matematico e nel caso di correlazioni non lineari, non è corretto effettuare la stima del valore caratteristico del parametro geotecnico correlato, usando come dato di input nella formula il valore caratteristico della grandezza misurata. Si tratta di valutare se, da un punto di vista pratico, l'errore introdotto trattando la correlazione come se fosse lineare sia significativo. In altre parole, facendo riferimento ai risultati dell'esempio 16, usare nei calcoli geotecnici un φ di 34,49° invece di un φ di 34,41° comporta o meno un errore inaccettabile nei risultati?
E' opportuno fare due osservazioni. La prima riguarda la natura delle correlazioni usate. Si tratta, come più volte ricordato, di formule empiriche, in cui cioè l'approssimazione insita nel risultato può arrivare, e in alcuni casi superare, il 10%. La seconda osservazione riguarda ciò che si ottiene applicando formule empiriche diverse sullo stesso campione di dati. Le

formule usate negli esempi 15 e 16 per stimare φ sono valide ambedue per terreni sabbiosi in genere. Nonostante questo la differenza fra i valori caratteristici di φ ottenuti nei due casi non è trascurabile, avendo infatti:
$$\varphi_{kO\&I}-\varphi_{kJNR}=34,41°-32,70°=1,71°.$$
Questo scarto (1,71°) è almeno un ordine di grandezza superiore all'approssimazione che s'introduce nel calcolo, trattando la correlazione empirica di O.&I. come se fosse lineare.
In generale si può dimostrare che, se la distribuzione di probabilità del parametro correlato e di quello misurato sono di tipo normale o lognormale, l'errore che si commette nel trattare come se fosse lineare la correlazione è trascurabile. Cioè si può porre:
$$\mu(y) \cong f[\mu(x)]$$
Questo risultato suggerisce che si può operare, in pratica, come nel caso lineare senza introdurre errori significativi nei calcoli. Quindi anche nel caso di correlazioni empiriche non lineari si può semplificare la procedura di analisi, calcolando il valore caratteristico del parametro misurato (N_{spt}, q_c, ecc.) e trasformandolo direttamente nel valore caratteristico del parametro di verifica (φ, c_u, E_{50}, ecc.) attraverso l'applicazione della formula di conversione.

3.4 Valori anomali e terreni omogenei.

3.4.1. Individuazione di valori anomali (outlier).

Si è visto come la stima dei parametri caratteristici sia strettamente legata alla valutazione della media m(x) e della deviazione standard s(x) campionarie. La presenza di misure anomale, cioè di valori molto più bassi o molto più alti rispetto alla maggior parte dei dati, può alterare in maniera significativa, soprattutto in campioni poco numerosi, la determinazione di queste grandezze. E' necessario quindi, prima di procedere al calcolo dei valori caratteristici con le formule viste in precedenza, eliminare i valori estremi, detti *outlier* in inglese, dal campione.
Una procedura semplice per eseguire il filtraggio dei dati in questo senso è fornita dal test di discordanza. Si procede come segue:

- si sistemano i dati in ordine crescente: x(1)<x(2)<...<x(n);
- se il sospetto outlier è la misura x(1) (valore molto più basso degli altri) si calcola la grandezza D con la relazione:

$$(36) \quad D = \frac{m(x) - x(1)}{s(x)}$$

escludendo il valore x(1) dal calcolo di m(x) e s(x);
se il sospetto otulier è invece la misura x(n) (valore molto più grande degli altri), si applica la formula:

$$(37) \quad D = \frac{x(n) - m(x)}{s(x)}$$

escludendo il valore x(n) dal calcolo di m(x) e s(x);

- il valore D ottenuto va confrontato con la grandezza $D_{critico}$ ricavato dalla seguente tabella in funzione del numero di misure eseguite (presunti outlier compresi). Se risulta $D>D_{critico}$ allora la misura è effettivamente un outlier e va eliminato dal campione.

| La stima dei valori caratteristici dei parametri geotecnici |||||

n	$D_{critico}$	n	$D_{critico}$
3	1,153	27	2,698
4	1,463	28	2,714
5	1,672	29	2,730
6	1,822	30	2,745
7	1,938	31	2,759
8	2,032	32	2,773
9	2,110	33	2,786
10	2,176	34	2,799
11	2,234	35	2,811
12	2,285	36	2,823
13	2,331	37	2,835
14	2,371	38	2,846
15	2,409	39	2,857
16	2,443	40	2,866
17	2,475	41	2,877
18	2,504	42	2,887
19	2,532	43	2,896
20	2,557	44	2,905
21	2,580	45	2,914
22	2,603	46	2,923
23	2,624	47	2,931
24	2,644	48	2,940
25	2,633	49	2,948
26	2,681	50	2,956

Tabella 4

Esempio 17.

Supponiamo di avere misurato dieci valori di φ all'interno di uno strato di terreno supposto omogeneo:

n	φ	$\tan\varphi$
1	26	0,4877
2	29	0,5543
3	29	0,5543
4	30	0,5773
5	30	0,5773
6	31	0,6008
7	31	0,6008
8	31	0,6008
9	32	0,6249
10	32	0,6249

Sospettiamo che la misura x(1)=tan(26) sia un outlier. Calcoliamo media m(tanφ) e deviazione standard s(tanφ) del campione escludendo x(1):

m(tanφ)=0,5906;
s(tanφ)=0,02658;

Applicando la relazione (36) si ha:

$$D = \frac{0,5906 - 0,4877}{0,02658} = 3,871$$

Con n=10 dalla tabella 4 si ricava $D_{critico}$=2,176. Quindi essendo D> $D_{critico}$ il valore φ=26° può essere considerato un outlier e quindi scartato dal campione.

Il test di discordanza è valido per n compreso fra 3 e 50 ed è applicabile solo nel caso di distribuzione normale. Inoltre il valore di $D_{critico}$ è funzione anche della probabilità di non superamento scelta. Nella tabella 4 si è fatto riferimento a una probabilità di non superamento del 5%.

3.4.2. Individuazione di campioni appartenenti a strati omogenei differenti.

Il test di discordanza può essere utilizzato anche per individuare campioni di misure che non appartengono allo strato di terreno omogeneo considerato.
La definizione di strato omogeneo, in un ambito statistico, non può che essere di natura, appunto, statistica. Si può affermare quindi che un campione di dati appartiene a un determinato strato se la media dei valori misurati non si discosta troppo dalle medie degli altri campioni sicuramente appartenenti al terreno in questione.

Esempio 18.

Chiariamo il concetto con un semplice esempio. Ipotizziamo di avere eseguito quattro prove penetrometriche statiche, che attraversano un unico strato di terreno. Abbiamo calcolato, per ogni prova, il valore medio dei valori di q_c registrati, ottenendo la seguente tabella:

Prova	Media di q_c
1	45
2	78
3	87
4	69

Sospettiamo che la prova 1 abbia attraversato uno strato di terreno differente da quello rilevato nelle altre tre prove. Verifichiamolo applicando il test di discordanza. Con la (36) si ottiene:

$$D = \frac{m(x) - x(1)}{s(x)} = \frac{78 - 45}{9} = 3,667$$

Con n=4 dalla tabella 4 ricaviamo $D_{critico}$=1,463, che è minore di D, confermando che la prova 1 ha attraversato uno strato con caratteristiche meccaniche differenti.

3.4.3. Strati omogenei e non.

Negli esempi relativi all'applicazione dei metodi statistici di calcolo per la stima dei valori caratteristici, abbiamo proceduto partendo dal presupposto di avere a che fare sempre con un unico strato di terreno omogeneo. Quindi, raccolte tutte le *n* misure provenienti indistintamente dalle verticali di prova eseguite, le abbiamo inserite nello stesso calderone statistico per calcolare medie, deviazioni standard, eccetera.
In geotecnica parlare di strati *omogenei* è però sempre un po' azzardato. Nei terreni la composizione granulometrica può variare in modo significativo anche a distanze dell'ordine di pochi metri, come può cambiare rapidamente da una verticale d'indagine all'altra la storia tensionale del deposito.

Questo significa che quando ipotizziamo l'appartenenza al medesimo strato omogeneo di un livello stratigrafico, all'apparenza simile, incontrato lungo più verticali di prova, rischiamo di trarre una conclusione non corretta. L'accorpamento di misure in realtà appartenenti a terreni diversi, da un punto di vista geotecnico, può avere come conseguenza una valutazione errata, e a volte a sfavore della sicurezza, dei valori caratteristici.

I test statistici, come quello della discordanza, potrebbero rappresentare una soluzione al problema, consentendo di riconoscere o meno l'omogeneità del terreno in maniera statisticamente accettabile. Naturalmente bisogna mettere in conto, in questo caso, il maggior lavoro in fase di calcolo e tutte le limitazioni insite in questi test. Per esempio il test di discordanza non può essere applicato a meno di tre verticali d'indagine.

Esiste quindi un modo di procedere semplice che consenta, in modo sicuro e coerente con la Legge, di stimare i valori caratteristici all'interno di terreni simili, ma non identici?

A livello di definizione del modello geologico è permessa una certa approssimazione. In fondo si tratta di un inquadramento di tipo qualitativo, in cui è possibile inserire nella stessa unità litostratigrafica, per esempio, una ghiaia con sabbia e una ghiaia sabbiosa, individuate in due prove penetrometriche vicine.

Nella definizione invece del modello geotecnico, come abbiamo detto, accorpare le misure eseguite nei due tipi di terreno, simili ma non identici, può essere azzardato.

In questo caso si può procedere eseguendo il calcolo dei valori caratteristici separatamente lungo le due verticali d'indagini, selezionando quindi il valore medio nel caso di azioni compensate e quello minimo nel caso di azioni non compensate. Questo modo di procedere, soprattutto nella seconda situazione, quando si tratta di individuare il valore minimo, ci consente di operare in condizioni di maggiori sicurezza. Inoltre è coerente con le indicazioni dell'Eurocodice 7 (vedi paragrafo 2.2).

Esempio 19.

Riprendiamo l'esempio 2 del capitolo precedente, immaginando di avere eseguito tre prove penetrometriche statiche (p1, p2 e p3) per ricavare il modello geotecnico del terreno di fondazione.

La stima dei valori caratteristici dei parametri geotecnici

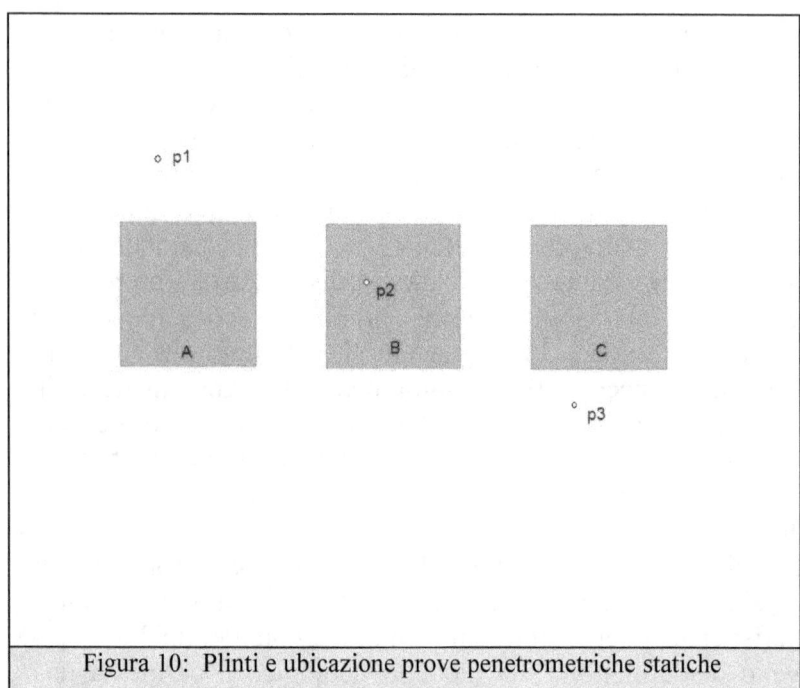

Figura 10: Plinti e ubicazione prove penetrometriche statiche

Le prove hanno permesso di individuare uno strato omogeneo di sabbia media sotto il piano di posa delle fondazioni, strato che raggiunge uno spessore di 6 metri in corrispondenza delle verticali delle prove P1 e P3 e di 4 metri in corrispondenza di P2.
I risultati delle tre prove sono riassunti nella tabella seguente:

Profondità (m)	P1 q_c(kg/cmq)	P2 q_c(kg/cmq)	P3 q_c(kg/cmq)
0,2	114	100	77
0,4	57	83	82
0,6	82	38	40
0,8	77	100	92
1,0	108	80	99
1,2	66	117	91
1,4	82	109	68
1,6	69	116	63
1,8	98	122	112
2,0	89	58	76
2,2	58	52	114
2,4	73	83	39
2,6	78	83	84
2,8	90	76	53
3,0	53	47	77

La stima dei valori caratteristici dei parametri geotecnici

3,2	56	91	53
3,4	85	61	28
3,6	95	81	87
3,8	64	31	92
4,0	84	61	85
4,2	75		80
4,4	77		69
4,6	87		79
4,8	94		51
5,0	57		47
5,2	78		80
5,4	49		102
5,6	83		75
5,8	107		89
6,0	64		76

Vogliamo calcolare l'angolo di attrito caratteristico dello strato di sabbia media da impiegare nella stima della capacità portante dei tre plinti.
Consideriamo i due casi possibili: plinti collegati rigidamente fra loro e non.

Caso 1: plinti collegati rigidamente.

Siamo nella condizione di compensazione delle azioni e delle resistenze (vedi paragrafo 2.4). Dobbiamo effettuare una stima cautelativa del valore medio di q_c lungo ogni verticale di prova e quindi mediare i risultati (valore caratteristico dello strato = valore medio dei valori caratteristici medi di ogni prova).

Prova P1.
Calcoliamo la media e la deviazione standard del campione:
$m(q_c) = 78,30$
$s(q_c) = 17,26$.

Poiché $n=30$ siamo in presenza di un campione numeroso. Utilizzeremo la relazione (12) ponendo $Z=-1,645$:

$$q_{c\,medio}^{5\%} = \mu(q_c) - 1,645 \frac{\sigma(q_c)}{\sqrt{n}} = 78,3 - 1,645 \frac{17,26}{\sqrt{30}} = 73,12$$

> **La stima dei valori caratteristici dei parametri geotecnici**

Prova P2.
Calcoliamo la media e la deviazione standard del campione:

m(q_c)=79,45;
s(q_c)=27,32.

Con *n*=20 il campione è da considerarsi poco numeroso. Useremo quindi la relazione (23). Il t di Student per una probabilità di non superamento del 5% è uguale a -1,725 (tabella 1). Quindi si ha:

$$q_{c\,medio}^{5\%} = \mu(q_c) + t_v^{5\%}\frac{s(q_c)}{\sqrt{n}} = 79,45 - 1,725\frac{27,32}{\sqrt{20}} = 68,91$$

Prova P3.

Calcoliamo la media e la deviazione standard del campione:

m(q_c)=75,33;
s(q_c)=21,5.

Anche in questo caso (*n*=30) siamo in presenza di un campione numeroso. Applicando la (12) con Z=-1,645, si ha

$$q_{c\,medio}^{5\%} = \mu(q_c) - 1,645\frac{\sigma(q_c)}{\sqrt{n}} = 75,33 - 1,645\frac{21,5}{\sqrt{30}} = 68,87$$

Stimiamo ora il valore caratteristico di φ per lo strato omogeneo di fondazione, usando la correlazione empirica di Meyerhof.

$$q_{ck} = \frac{73,12 + 68,91 + 68,87}{3} = 70,30$$

$$\varphi_k = 17 + 4,49\ln(q_{ck}) = 17 + 4,49\ln(70,30) = 36°$$

Il valore di φ_k ottenuto verrà quindi utilizzato per la stima della portanza di tutti i plinti (A, B e C). Ogni plinto andrà ovviamente verificato individualmente, ma in tutti i casi si dovrà usare φ_k =36°.

| La stima dei valori caratteristici dei parametri geotecnici |

Caso 2: plinti non collegati rigidamente.

Qui la situazione è più articolata.
Nel caso del plinto B abbiamo una prova, la P2, che ricade all'interno dell'impronta della fondazione. Siamo in una situazione di resistenze non compensate da misure dirette. Il valore caratteristico di φ in questo caso dovrà derivare da una stima cautelativa della media delle misure eseguite lungo la verticale P2.

Prova P2.
Calcoliamo la media e la deviazione standard del campione:

$m(q_c) = 79,45$;
$s(q_c) = 27,32$.

Con *n*=20 il campione è da considerarsi poco numeroso. Useremo quindi la relazione (23). Il t di Student per una probabilità di non superamento del 5% è uguale a -1,725 (tabella 1). Quindi si ha:

$$q_{c\,medio}^{5\%} = \mu(q_c) + t_v^{5\%} \frac{s(q_c)}{\sqrt{n}} = 79,45 - 1,725 \frac{27,32}{\sqrt{20}} = 68,91$$

Stimiamo ora il valore caratteristico di φ per lo strato omogeneo di fondazione del plinto B, usando sempre la correlazione empirica di Meyerhof.

$$\varphi_k = 17 + 4,49 \ln(q_{ck}) = 17 + 4,49 \ln(68,91) = 36°$$

Questo è il valore di φ che useremo per la stima della portanza del plinto B.
Nel caso dei plinti A e C non sono state eseguite misure dirette all'interno dell'impronta delle fondazioni. Siamo costretti quindi a estrapolare i dati misurati lungo verticali esterne. La condizione è quella delle resistenze non compensate da misure estrapolate e quindi dovremo procedere eseguendo una stima cautelativa del valore minimo di q_c lungo ogni verticale di prova, assegnando poi allo strato omogeneo un valore caratteristico dato dal minimo dei tre valori calcolati (valore caratteristico dello strato = valore minimo dei valori caratteristici minimi di ogni prova).

Prova P1.
Calcoliamo la media e la deviazione standard del campione:

$m(q_c)=78,30$
$s(q_c)=17,26.$

Poiché $n=30$ siamo in presenza di un campione numeroso. Utilizzeremo la relazione (7) ponendo $Z=-1,645$:

$$q_{c\min}^{5\%} = \mu(q_c) - 1,645\sigma(q_c) = 78,30 - 1,645 x 17,26 = 49,90$$

Prova P2.
Calcoliamo la media del campione, ponendola uguale a $\mu(q_c)$:
$m(q_c)=79,45 \cong \mu(q_c)$.

Essendo il campione poco numeroso ($n=20$), valutiamo il valore caratteristico di q_c (q_{ck}) con la formula (7), stimando la deviazione standard con la regola del tre-sigma.
Estraendo $N_m=3,7$ ($n=20$) dalla tabella 2:

$$\sigma(q_c) = \frac{HCV - LCV}{N_m} = \frac{122 - 31}{3,7} = 24,59$$

$$q_{c\min}^{5\%} = 79,45 - 1,645 x 24,59 = 38,99$$

Prova P3.
Calcoliamo la media e la deviazione standard del campione:

$m(q_c)=75,33;$
$s(q_c)=21,5.$

Anche in questo caso ($n=30$) siamo in presenza di un campione numeroso. Applicando la (7) con $Z=-1,645$, si ha

$$q_{c\min}^{5\%} = \mu(q_c) - 1,645\sigma(q_c) = 75,33 - 1,645 x 21,50 = 39,96$$

La stima dei valori caratteristici dei parametri geotecnici

Dei tre valori di q_c caratteristici stimati per ogni verticale d'indagine consideriamo esclusivamente quello con valore minimo: $q_{ck}=38,99$.

Stimiamo ora il valore caratteristico di φ per lo strato omogeneo di fondazione, usando la correlazione empirica di Meyerhof.

$$\varphi_k = 17 + 4{,}49\ln(q_{ck}) = 17 + 4{,}49\ln(38{,}99) = 33°$$

Questo valore di φ sarà quello che impiegheremo per il calcolo della capacità portante dei plinti A e C.

Può apparire paradossale il fatto di dover utilizzare valori così diversi di φ, e quindi di capacità portante, per fondazioni identiche, vicine fra loro e poggianti sullo stesso strato di terreno. Questo risultato però deriva dalla logica espressa dalla Normativa per la stima dei valori caratteristici (vedi paragrafo 2.4), logica che nell'approccio di calcolo statistico da origine agli effetti più vistosi. Nel caso del plinto B abbiamo a disposizione una misura diretta della resistenza meccanica del terreno di fondazione, che quindi possiamo considerare nota. Nel caso dei plinti A e C invece siamo costretti a estrapolarla da misure esterne, dovendoci quindi porre nello scenario peggiore (legge di Murphy applicata alla geotecnica).

Da queste considerazioni ne può derivare un suggerimento pratico: per quanto possibile ubicare le verticali d'indagine all'interno del volume significativo delle singole opere. Di regola questo è quello che avviene quando si pianifica una nuova campagna di indagini geognostiche. Il problema di solito nasce nel caso in cui si è costretti a utilizzare misure provenienti da siti vicini, nell'impossibilità pratica o economica di raccogliere nuovi dati. Questa mancanza di misure eseguite all'interno dell'area indagata si paga in termini di maggiore prudenza nella stima dei valori caratteristici.

Chiaramente quanto detto vale essenzialmente se si ha intenzione di calcolare i valori caratteristici delle proprietà del terreno con l'approccio statistico. Vedremo che nel caso dell'approccio geotecnico infatti questa distinzione fra valore prossimo al minimo o alla media diventa meno significativa.

La stima dei valori caratteristici dei parametri geotecnici

4 L'approccio geotecnico.

4.1 Introduzione

L'approccio geotecnico per la stima dei valori caratteristici dei parametri meccanici del terreno è un approccio prettamente fisico. La valutazione avviene in questo caso attraverso un percorso logico che parte dall'analisi del comportamento reale del terreno sotto sforzo. Si considerano cioè direttamente i meccanismi e le variabili che influenzano la resistenza al taglio mobilitata in funzione delle sollecitazioni subite e del livello di deformazione raggiunto.

In pratica la domanda a cui si cerca di rispondere è la seguente: è possibile individuare, attraverso l'analisi dei meccanismi di deformazione e rottura del terreno, valori cautelativi <u>ma fisicamente giustificabili</u> dei principali parametri geotecnici? Riprendiamo, per esempio, la relazione (9) vista nel capitolo precedente:

$$x = \mu(x)[1 + Z C.O.V.]$$

e utilizziamola per stimare il valore caratteristico di φ in una sabbia pulita. Immaginiamo di avere determinato un valore medio di 32° [μ(x)=tan(32)] e un coefficiente di variazione C.O.V. di 0,18. La grandezza Z, lo ricordiamo, per una probabilità di non superamento del 5% assume il valore di –1,645. Si ha quindi:

$$\varphi_k = \arctan[\tan(32)(1 - 1{,}645 x 0{,}18)] = 24°$$

Visto il risultato, chiediamoci: prendere un valore caratteristico di φ uguale a 24° in una sabbia pulita può essere considerato corretto? Si tratta di un valore che ci consente di eseguire le verifiche previste dalla Legge, per esempio il calcolo della capacità portante di una fondazione superficiale, in condizioni di estrema sicurezza e si ottiene attraverso una procedura matematica corretta. Ma dal punto di vista fisico questa scelta ha una giustificazione? Può, in altre parole, aversi nella realtà una

La stima dei valori caratteristici dei parametri geotecnici

sabbia pulita con valore di φ, in condizioni di rottura incipiente, di 24°?
L'idea base che sta dietro all'approccio geotecnico è proprio questa: non è sufficiente assumere come valore caratteristico dell'angolo di resistenza al taglio o della coesione non drenata o di qualsiasi altro parametro un limite inferiore talmente basso da avere praticamente la certezza che non venga raggiunto e superato nella realtà. E' necessario anche che tale numero abbia una giustificazione fisica, che cioè non sia in contraddizione con quanto la teoria e l'evidenza sperimentale hanno, fino a questo momento, confermato relativamente al comportamento di un terreno sciolto sotto sforzo.
Ritorniamo ora alla definizione di valore caratteristico fornita dal D.M. 14.01.2008:

Per valore caratteristico di un parametro geotecnico deve intendersi una stima ragionata e cautelativa del parametro nello stato limite considerato.

Nell'approccio statistico abbiamo visto che le procedure di calcolo dei valori caratteristici relativamente allo Stato Limite Ultimo (rottura del terreno) e allo Stato Limite di Esercizio (deformazioni del terreno in condizioni pre-rottura) sono identiche. La formula per calcolare in un terreno omogeneo il valore medio, per esempio, della coesione non drenata, da usare per le verifiche allo S.L.U., e del modulo elastico, da usare per le verifiche allo S.L.E., è esattamente la stessa. Nell'approccio geotecnico il percorso che conduce alla stima dei due parametri è invece diverso, perché diverso è ovviamente il comportamento fisico-meccanico del terreno nelle due condizioni: di rottura incipiente e di deformazione pre-rottura. Le due situazioni vanno quindi trattate separatamente.

La stima dei valori caratteristici dei parametri geotecnici

4.2 Valori caratteristici per verifiche allo Stato Limite Ultimo.

4.2.1 Introduzione.

Secondo l'approccio geotecnico, nelle verifiche allo Stato Limite Ultimo i valori caratteristici dei parametri da introdurre nei calcoli di verifica (angolo di resistenza al taglio e coesione) vanno determinati, considerando l'ipotesi del comportamento del terreno in condizioni di grandi deformazioni. In pratica si tratta di calcolare o misurare i valori che assumono φ, c' e c_u nella situazione di rottura incipiente del terreno sollecitato da sforzi di taglio. In questo contesto si hanno nel terreno grandi deformazioni a volume praticamente costante e φ, c' e c_u raggiungono valori finali indipendenti dalla situazione iniziale e dal percorso deformativo che ha condotto alla rottura. Nella condizione di rottura imminente, che riguarda le verifiche allo Stato Limite Ultimo, parametri di resistenza al taglio inferiori a questi infatti sono da considerarsi fisicamente non ammissibili. I valori di angolo di resistenza al taglio e di coesione determinati nel contesto di grandi deformazioni (large strain) soddisfano quindi i requisiti fissati dall'approccio geotecnico per il calcolo dei valori caratteristici: sono cautelativi e, allo stesso tempo, fisicamente giustificabili.

A livello operativo, si distingue la situazione in cui si opera in termini di pressioni efficaci (condizione drenata) da quella in cui si lavora in termini di pressioni totali (condizione non drenata).

Nel primo caso il parametro di resistenza al taglio da stimare è l'angolo di resistenza al taglio φ, nel secondo la coesione non drenata c_u. Si noti che, come vedremo in seguito, nell'approccio geotecnico la coesione drenata caratteristica viene sempre posta uguale a zero ($c_k=0$).

4.2.2 Resistenza al taglio caratteristica in condizioni drenate.

4.2.2.1 φ tangente e φ secante.

La resistenza al taglio di un terreno sciolto comunemente viene espressa con la legge di Mohr-Coulomb:

$$(1) \tau = c + \sigma \tan\varphi$$

dove φ è l'angolo di resistenza al taglio del terreno, c la coesione drenata e σ la pressione efficace di confinamento agente sul volume di terreno.

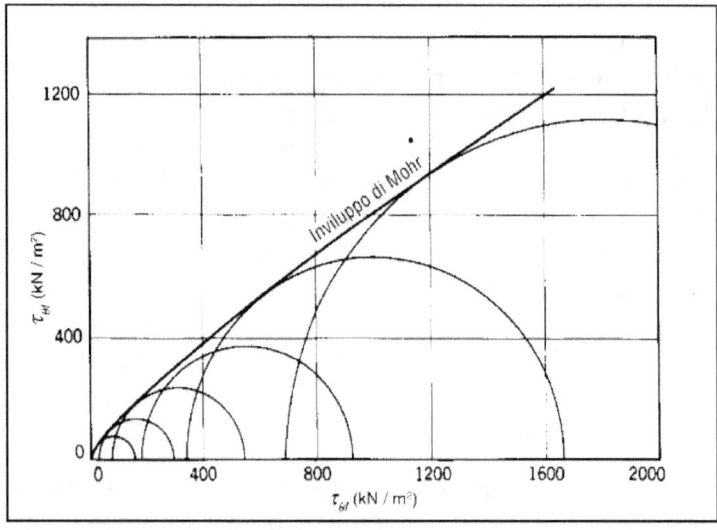

Figura 1: Inviluppo dei cerchi di Mohr (Lambe e Whitman, 1969).

La stima dei valori caratteristici dei parametri geotecnici

Il significato delle grandezze c e φ può essere compreso osservando il grafico τ(σ) relativo alla condizione di raggiungimento della resistenza al taglio massima di un campione sottoposto a una prova di taglio diretto (figura 1). L'angolo φ rappresenta il coefficiente angolare della retta che meglio interpola l'inviluppo dei cerchi di Mohr relativi ai diversi valori di pressione di confinamento a cui è stato sottoposto il campione, la c è il valore che si legge sull'asse delle ordinate in corrispondenza del punto in cui la retta interpolatrice lo interseca. L'angolo φ e la c così definiti prendono il nome, rispettivamente, di angolo di resistenza al taglio di picco tangente (φ_{tan}) e di coesione intercetta (c_i). La stima di φ_{tan} è affetta da un certo grado di imprecisione dovuto al modo in cui la retta interpolatrice viene adattata all'andamento dell'inviluppo dei cerchi di Mohr, inviluppo che non è perfettamente lineare, in particolare nel tratto iniziale. Questa operazione solitamente viene eseguita a tentativi oppure, in modo più rigoroso, applicando il metodo dei minimi quadrati.

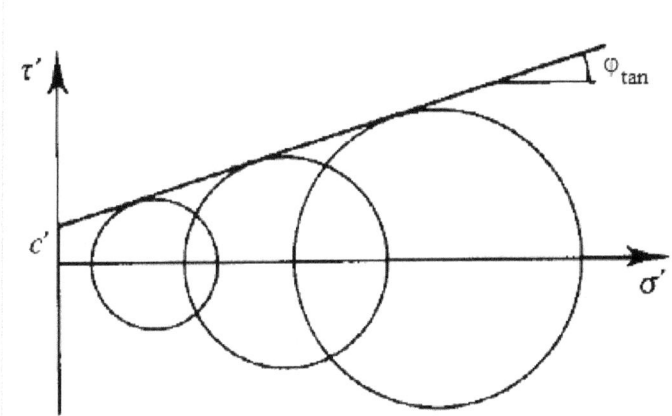

Figura 2: Definizione dell'angolo di resistenza al taglio di picco tangente

La stima dei valori caratteristici dei parametri geotecnici

Poiché con l'approccio geotecnico si vuole ottenere l'obiettivo di eliminare, o quantomeno ridurre, le fonti di incertezza, si preferisce utilizzare una definizione alternativa di φ. L'angolo di resistenza al taglio è in questo caso, per un *determinato* valore di σ, il coefficiente angolare della retta che partendo dall'origine degli assi cartesiani intercetta l'inviluppo di Mohr in corrispondenza del σ scelto. Il φ così definito viene detto angolo di resistenza al taglio di picco secante (φ_{sec}).

Questa ridefinizione di φ ha due conseguenze. La prima è che la coesione intercetta risulterà sempre uguale a zero ($c_i=0$), portando così all'eliminazione di un parametro di calcolo. La seconda è che φ diventa funzione di σ e quindi varierà al variare di della pressione di confinamento.

La (1) può essere quindi riscritta come segue:

$$(2) \; \tau = \sigma \tan \varphi_{sec}$$

Nella pratica si ha $\varphi_{sec} \cong \varphi_{tan}$ nei terreni incoerenti, sabbie e ghiaie, e nelle argille normalmente consolidate. Nel caso di argille sovraconsolidate invece si ha sempre $\varphi_{sec} > \varphi_{tan}$.

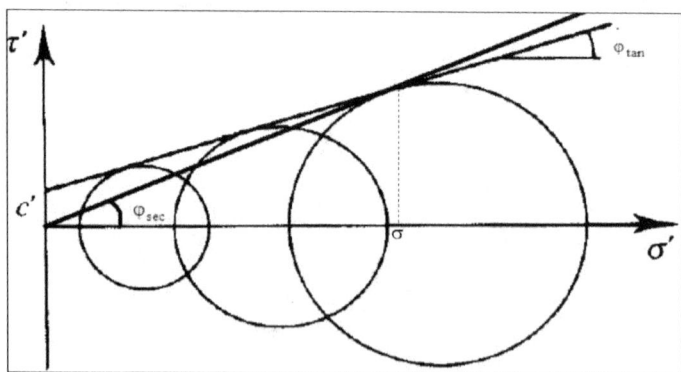

Figura 3: Definizione dell'angolo di resistenza al taglio di picco secante

4.2.2.2 φ a volume costante.

Costruiamo il grafico sforzi-deformazioni per un terreno qualsiasi. Lungo l'asse delle ascisse poniamo la deformazione ε indotta nel terreno da un carico esterno, sull'asse delle ordinate la resistenza al taglio mobilitata nel terreno τ. Quest'ultima quantità rappresenta la resistenza che il terreno oppone allo sforzo tagliante applicato esternamente, per esempio dal peso di un edificio.

La resistenza al taglio mobilitata τ non è ovviamente una costante, ma varia in funzione di ε: aumentando lo sforzo di taglio indotto dal carico esterno si incrementa in parallelo la resistenza al taglio mobilitata nel terreno per contrastarlo. Questo incremento naturalmente non prosegue all'infinito, oltre un certo valore di sforzo indotto il terreno non è più in grado di mobilitare resistenza aggiuntiva e si taglia.

Con σ costante, la variazione di τ, in base alla (2), è funzione esclusivamente di φ_{sec}.

Consideriamo il caso di una sabbia molto addensata. Con l'aumento delle deformazioni ε indotte dallo sforzo tagliante esterno si ha inizialmente un rapido incremento della resistenza al taglio mobilitata. Anche per livelli di deformazione relativamente bassi la resistenza mobilitata τ raggiunge valori elevati, fino a un massimo che prende il nome di resistenza al taglio di picco τ_{max} (figura 4). Il valore di picco τ_{max} implica l'esistenza di un valore di picco di φ, detto angolo di resistenza al taglio di picco (φ_{picco}).

Ulteriori incrementi di ε oltre questo punto provocano un crollo di τ (fase di post-picco), che a elevati livelli di deformazione, tende ad assumere un valore costante. La resistenza al taglio mobilitata in questa condizione viene chiamata resistenza al taglio ultima, o critica, o a volume costante ($\tau_{c.v.}$). Naturalmente anche $\tau_{c.v.}$ è associabile a un valore preciso di φ, noto come angolo di resistenza al taglio a volume costante ($\varphi_{c.v.}$).

Vediamo ora il caso di una sabbia poco addensata. Anche qui possiamo notare come all'aumentare di ε si abbia un incremento corrispondente di τ. La curva sforzi-deformazione però è meno ripida che nel caso precedente, cioè l'aumento della resistenza al taglio mobilitata è più graduale. Inoltre non è più possibile identificare con chiarezza un valore di picco τ_{max}, ne' riscontrare il rapido decremento di resistenza della fase di post-picco. Anche in questo caso però, per valori elevati di deformazione, la resistenza al taglio mobilitata tende a un valore costante $\tau_{c.v.}$.

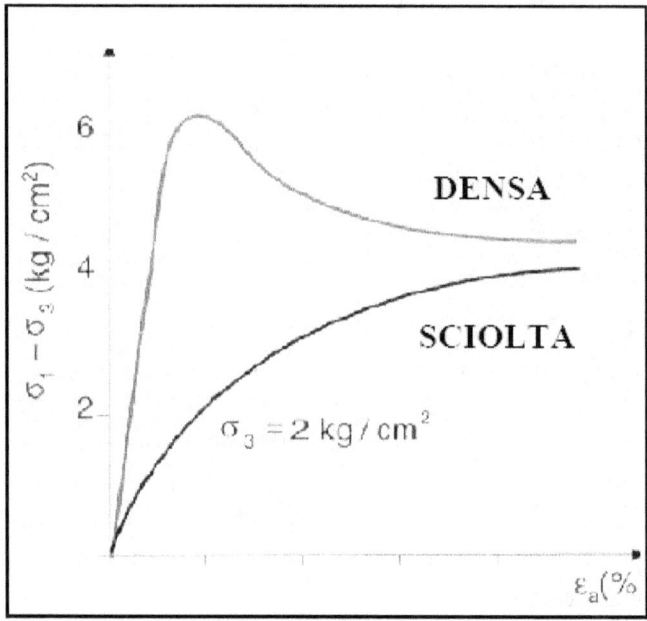

Figura 4: Curve sforzi-deformazioni per sabbie addensate e sciolte

Naturalmente sabbie con addensamento compreso fra quelli considerati nei casi precedenti avranno curve sforzi-deformazioni intermedie. Diminuendo il grado di addensamento la curva tende a farsi meno ripida nel tratto iniziale e il picco a diventare meno accentuato.

La causa del diverso andamento del grafico sforzi-deformazioni nei due casi estremi considerati dipende fondamentalmente dalle variazioni di volume che lo sforzo tagliante esterno induce nel terreno.

Nelle sabbie molto addensate l'indice dei vuoti iniziale (e_0), cioè quello che caratterizza il terreno prima dell'applicazione del carico esterno, tende ad assumere valori bassi, normalmente inferiori a 0,65. In terreni di questo tipo uno sforzo di taglio induce un aumento di volume, dovuto allo scorrimento relativo dei granuli che tendono ad assumere una configurazione meno compatta. L'indice dei vuoti aumenta, più o meno gradualmente, fino a raggiungere un valore costante per deformazioni elevate.

Nelle sabbie poco addensate l'indice dei vuoti iniziale assume valori elevati, spesso superiori a 0,8. Con l'applicazione dello sforzo di taglio esterno, il volume in questo caso diminuisce in quanto i granuli tendono ad assumere una configurazione più compatta. L'indice dei vuoti a sua volta si abbassa fino a raggiungere, per elevati valori di deformazione, come nel caso precedente, un valore critico, oltre il quale rimane costante.

Questo indice dei vuoti, verso cui tendono sia le sabbie sciolte che quelle addensate, viene detto indice dei vuoti critico o a volume costante ($e_{c.v.}$) ed è una caratteristica intrinseca del terreno in quanto funzione esclusivamente della granulometria, della composizione mineralogia dei granuli e del loro grado di arrotondamento.

Non dipende cioè dal valore iniziale di e e nemmeno dal percorso deformativo subito dal terreno. Sabbie con simile granulometria, composizione mineralogica e grado di arrotondamento dei granuli tendono ad avere valori di e_{crit} molto vicini fra loro.

L'analisi della curva deformazione-sforzi di taglio ci consente quindi di identificare un parametro di resistenza al taglio, $\varphi_{c.v.}$, che emerge in presenza di elevate deformazioni e che di fatto rappresenta, come l'indice dei vuoti critico, una proprietà intrinseca del terreno. Anche $\varphi_{c.v.}$ infatti è funzione solo della composizione granulometrica, della mineralogia e del grado di arrotondamento dei granuli. Uno strato di terreno omogeneo quindi può avere valori di φ_{picco} variabili da punto a punto, in funzione del grado di addensamento, ma è caratterizzato da un unico $\varphi_{c.v.}$.

Nell'approccio geotecnico il valore caratteristico di φ (φ_k) viene posto uguale all'angolo di resistenza al taglio a volume costante:

$$\varphi_k = \varphi_{c.v.}$$

L'adozione di $\varphi_{c.v.}$ come valore caratteristico di φ viene suggerita dalle seguenti considerazioni:

- si tratta di un stima cautelativa di φ in quanto generalmente minore dell'angolo di resistenza al taglio di picco φ_{picco};

- è il parametro che emerge nella back analisys di volumi di terreno portati a rottura, quindi può essere giustificatamente adottato come grandezza caratterizzante la fase di rottura al taglio;

La stima dei valori caratteristici dei parametri geotecnici

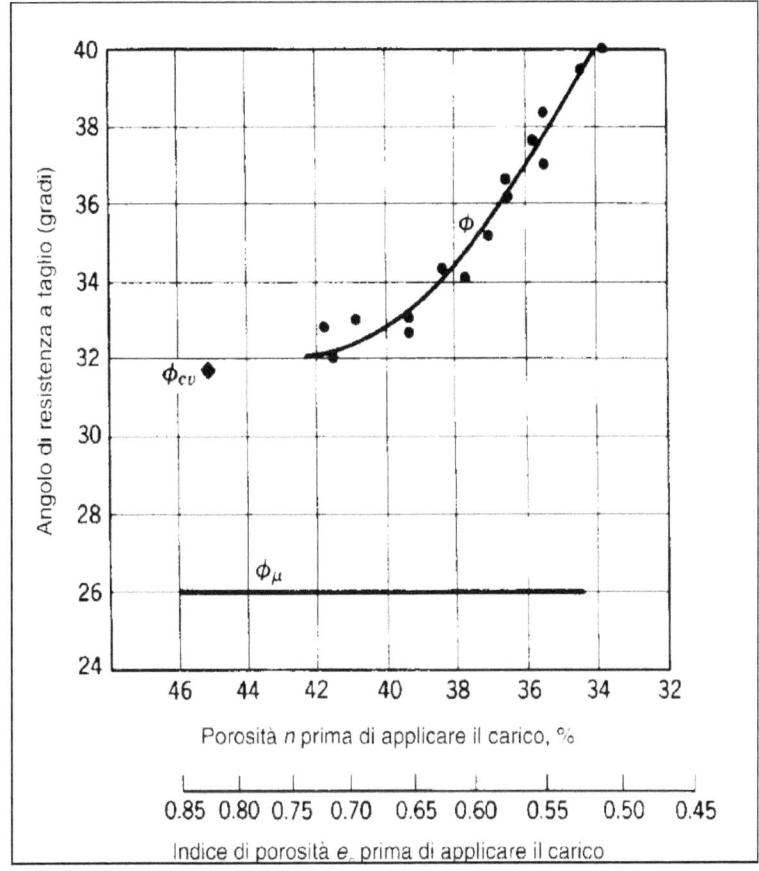

Figura 5: Angolo di resistenza al taglio e porosità (Lambe e Whitman, 1969).

- a differenza di φ_{picco}, è una grandezza che non varia casualmente all'interno di un volume di terreno omogeneo, ma assume un valore unico per l'intero strato e di fatto può essere considerato una proprietà intrinseca del terreno.

4.2.2.3 Determinazione di $\varphi_{c.v.}$

L'angolo di resistenza al taglio a volume constante $\varphi_{c.v.}$ può essere ricavato direttamente da misure sperimentali in laboratorio, e in qualche caso anche in situ, o attraverso correlazioni empiriche.

La stima dei valori caratteristici dei parametri geotecnici

Misura diretta attraverso la stima dell'angolo di riposo.

Nella tabella 1 vengono messi a confronto gli angoli di resistenza al taglio a volume costante $\varphi_{c.v.}$ e di riposo φ_i di alcuni terreni incoerenti. Per angolo di riposo si intende l'angolo che un volume di terreno incoerente asciutto forma con l'orizzontale in assenza di contenimento laterale. Corrisponde in pratica all'angolo di scarpa di pendii naturali o artificiali costituiti da sabbia o ghiaia privi di coesione.

Si nota immediatamente la coincidenza numerica fra le due grandezze, coincidenza che ci fornisce una modalità semplice e diretta di stima del valore di $\varphi_{c.v.}$.

Litologia	Min φ_{cv}	Max φ_{cv}	Min φ_i	Max φ_i
Limo (non plastico)	26	30	26	30
Sabbia uniforme da fine a media	26	30	26	30
Sabbia ben assortita	30	34	30	34
Sabbia e ghiaia	32	36	32	36
Tabella 1: $\varphi_{c.v.}$ e φ_i (Hough, 1957)				

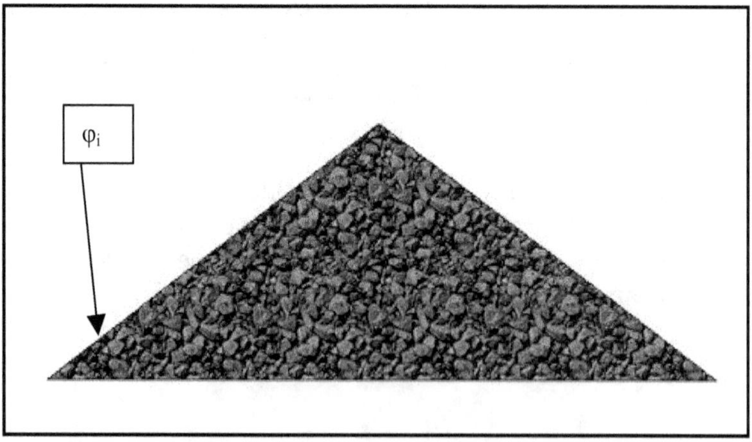

Figura 6: Angolo di riposo in terreni incoerenti asciuti.

In pratica si tratta di prelevare un campione asciutto dallo strato preso in esame e di depositarlo su una superficie orizzontale. L'inclinazione che la superficie del prisma di terreno forma naturalmente rispetto all'orizzontale rappresenta una buona stima del valore di $\varphi_{c.v.}$. Nel caso di sabbie fini umide, per annullare la coesione apparente dovuta alle tensioni capillari, la prova va effettuata in un contenitore pieno d'acqua (figura 7).

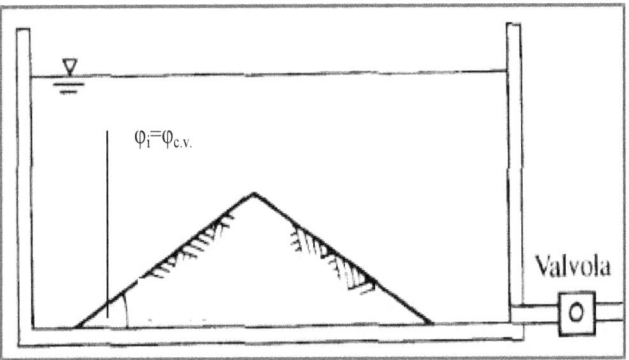

Figura 7: Misura dell'angolo di riposo in sabbia umida (da Atkinson[11]).

Procedure più sofisticate si basano sull'impiego di un cilindro rotante a bassa velocità (figura 8) all'interno del quale è sistemato il campione di terreno. Anche in questo caso viene misurato l'angolo che la superficie del prisma di terreno forma con il piano orizzontale.

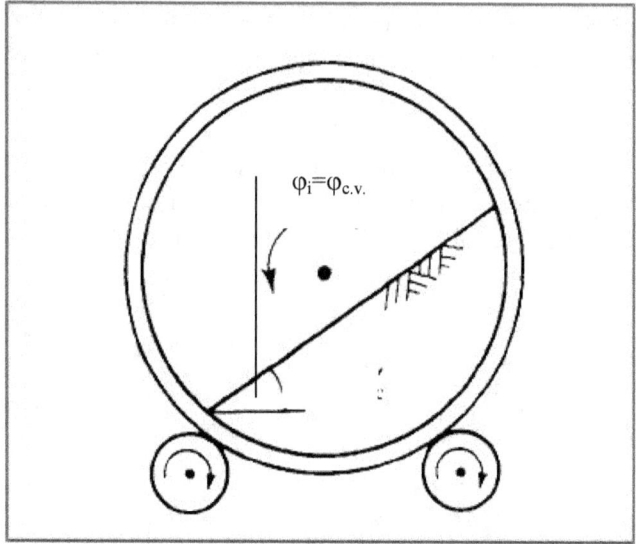

Figura 8: Misura dell'angolo di riposo con cilindro rotante(da Atkinson[11]).

In terreni coesivi la determinazione di $\varphi_{c.v.}$ con questo approccio diventa più difficile, a causa ovviamente della presenza della coesione, ed è quindi sconsigliata.

Misura diretta da prove di taglio in laboratorio.

In base alla definizione data nel paragrafo 4.2.2.2, l'angolo di resistenza al taglio a volume costante $\varphi_{c.v.}$ può essere messo in rapporto con l'angolo φ attraverso la seguente relazione:

$$(3) \quad \varphi = \varphi_{c.v.} + \varphi_{dil}$$

dove φ_{dil} è l'angolo di dilatanza. La grandezza φ_{dil} dipende essenzialmente dal grado di addensamento del terreno e dalla resistenza meccanica dei granuli. Rappresenta una misura delle variazioni di volume che si verificano nel terreno sollecitato da sforzi di taglio. L'angolo di resistenza al taglio del terreno può essere quindi visto come composto da una parte costante ($\varphi_{c.v.}$) e una variabile (φ_{dil}).

I termini contenuti nella (3) possono essere ricavati direttamente attraverso l'esecuzione e l'interpretazione di una prova di taglio diretto. Da un punto di vista analitico si ha:

La stima dei valori caratteristici dei parametri geotecnici

$$(4)\, Tdx - Ndy = \mu Ndx$$

dove:

T = taglio applicato;

N = carico normale di confinamento;

dx = incremento dello spostamento orizzontale;

dy = incremento dello spostamento verticale;

μ = coefficiente di attrito.

La (4) esprime l'uguaglianza fra i lavori esterni, membro di sinistra, dovuti alle forze agenti N e T e quello interno, membro di destra, dovuto all'attrito che si sviluppa sul piano di taglio. Dividendo per Ndx ambo i membri e raccogliendo si ha:

$$(5)\, \frac{T}{N} = \mu + \frac{dy}{dx}$$

$$T = N\left(\mu + \frac{dy}{dx}\right)$$

Ponendo:

$$tg\varphi = \mu + \frac{dy}{dx}$$

si ritrova la legge di Mohr-Coulomb (2):

$$T = Ntg\varphi$$

e quindi:

$$(6)\, \frac{T}{N} = tg\varphi$$

L'angolo di resistenza al taglio φ perciò, coerentemente con la (3), è dato da due componenti, una costante (μ) e una variabile (dy/dx). E' evidente che la componente costante corrisponde a:

$$\mu = tg\varphi_{c.v.}$$

mentre quella variabile a:

$$dy/dx = tg\varphi_{dil}$$

Nel caso di terreni incoerenti sciolti φ_{dil} è uguale a zero, in quanto le deformazioni avvengono a volume costante (dy=0). In questo caso la (5) diventa:

$$(7) \frac{T}{N} = \mu$$

cioè:

$$tg\varphi = tg\varphi_{c.v.}$$

Eseguendo quindi una prova di taglio diretto su un campione di sabbia scarsamente addensato il valore di φ che si ottiene interpretando il diagramma di Mohr è direttamente quello a volume costante.

Su un campione di sabbia addensata il valore dell'angolo di resistenza a volume costante può essere ottenuto direttamente proseguendo la prova fino all'istante in cui, superato il taglio di picco, si ha la condizione dy=0. In base alla (7) il rapporto fra la forza di taglio corrispondente a dy=0 e la forza normale di confinamento N fornisce direttamente $\varphi_{c.v.}$.

Esempio 1.

E' stata eseguita una prova di taglio diretto su un campione di sabbia addensato, applicando un carico normale di 720 N. I risultati sono riassunti nella tabella seguente:

Passo	X(mm)	Y(mm)	T(N)	dy/dx	T/N
1	0,0	0,00	0	0,000	0,000
2	0,5	0,18	91	0,360	0,126
3	1,0	0,31	164	0,260	0,228
4	1,5	0,40	222	0,180	0,308
5	2,0	0,47	250	0,140	0,347
6	3,0	0,55	294	0,080	0,408

La stima dei valori caratteristici dei parametri geotecnici

7	4,0	0,61	308	0,060	0,428
8	5,0	0,65	322	0,040	0,447
9	6,0	0,67	337	0,020	0,468
10	7,0	0,67	352	0,000	0,489
11	8,0	0,67	351	0,000	0,488

In corrispondenza del passo d'incremento di T n.10 il valore di dy risulta uguale a 0. Infatti la differenza fra gli spostamenti verticali Y del passo 10 e del passo 9 è:

$$dy = 0,67 - 0,67 = 0$$

Il valore di T/N che leggiamo quindi in corrispondenza del passo n.10 fornisce il valore di $\varphi_{c.v.}$:

$$\frac{T}{N} = \frac{352}{720} = 0,489 = tg\varphi_{c.v.}$$

$$\varphi_{c.v.} = 26°$$

Se la prova non viene proseguita fino a ottenere dy=0, il valore di $\varphi_{c.v.}$ può essere ricavato indirettamente stimando l'angolo di dilatanza massimo, che corrisponde al valore di dy/dx al raggiungimento del taglio di picco:

$$(8) \left(\frac{T}{N}\right)_{picco} = \mu + \left(\frac{dy}{dx}\right)_{max}$$

$$(9)\ \mu = \left(\frac{T}{N}\right)_{picco} - \left(\frac{dy}{dx}\right)_{max}$$

Esempio 2.

E' stata eseguita una prova di taglio diretto su un campione di sabbia addensato, applicando un carico normale di 360 N. I risultati sono riassunti nella tabella seguente:

Passo	X(mm)	Y(mm)	T(N)	dy/dx	T/N
1	0,0	0,00	0	0,000	0,000
2	0,5	0,12	88	0,240	0,244
3	1,0	0,16	147	0,080	0,408
4	1,5	0,10	220	-0,120	0,611
5	2,0	-0,08	305	-0,360	0,847
6	3,0	-0,07	399	-0,620	1,108
7	4,0	-1,20	356	-0,500	0,989
8	5,0	-1,60	319	-0,400	0,886
9	6,0	-1,90	284	-0,300	0,789
10	7,0	-2,10	247	-0,200	0,686
11	8,0	-2,25	230	-0,150	0,639

In questo caso la prova si è conclusa prima di arrivare alla condizione dy=0. L'angolo di dilatanza massimo viene stimato considerando, in valore assoluto, la tangente del rapporto dy/dx misurato in corrispondenza del raggiungimento del taglio di picco (passo n.6). Applicando la (9) si ottiene:

$$\left(\frac{T}{N}\right)_{picco} - \left(\frac{dy}{dx}\right)_{max} = \frac{399}{360} - 0{,}620 = 0{,}488 = tg\varphi_{c.v.}$$

$$\varphi_{c.v.} = 26°$$

Stima da correlazioni empiriche.

Nel caso il volume significativo sia stato indagato attraverso prove penetrometriche dinamiche o statiche l'angolo di resistenza al taglio a volume costante può essere ricavato attraverso l'applicazione di correlazioni empiriche.

| La stima dei valori caratteristici dei parametri geotecnici |

Bolton (1986) propone la seguente correlazione fra $\varphi_{c.v.}$ e φ_{picco}, nella condizione di deformazione piana, che è quella comunemente usata nei calcoli geotecnici:

$$(10)\, \varphi_{c.v.} = \varphi_{picco} - 5I_r$$

dove I_r è l'indice di dilatanza relativa, che varia nell'intervallo 0÷4.

La grandezza I_r viene valutata in funzione della pressione effettiva media $\sigma_n{'}$, distinguendo fra due casi:

$\sigma_n{'} \leq 150$ kPa≅1,5 kg/cmq: $\quad (11)\, I_r = QD_r - 1$

$\sigma_n{'} > 150$ kPa≅1,5 kg/cmq:
$$(12)\, I_r = D_r\left[Q - \ln\left(\frac{\sigma_n{'}}{150}\right)\right] - 1$$

in cui D_r è la densità relativa, in forma decimale e Q è un parametro in funzione della composizione mineralogica dei granuli.

Tipo	Q
Quarzo	5
Feldspato	5
Calcare	3
Gesso	0,5
Tabella 2: Valori di Q	

La pressione effettiva media è data da:

$$(13)\, \sigma_n{'} = \frac{\overline{\sigma}_{v0} + 2\overline{\sigma}_{h0}}{3}$$

Le grandezze σ_{v0} e σ_{h0} sono rispettivamente la pressione efficace media verticale a metà strato e quella orizzontale, legate fra loro dalla relazione:

La stima dei valori caratteristici dei parametri geotecnici

$$(14)\ \overline{\sigma}_{h0} = K_0 \overline{\sigma}_{v0}$$

Il coefficiente di spinta a riposo K_0, in condizioni normalmente consolidate, può essere posto in relazione all'angolo di resistenza al taglio di picco attraverso la correlazione empirica (Jaki, 1967):

$$(15)\ K_0 = 1 - sen\varphi_{picco}$$

Riassumendo, per ricavare $\varphi_{c.v.}$ partendo da una misura ottenuta da una prova penetrometrica (q_c o N_{spt}), i passaggi di calcolo sono i seguenti:

- si stimano, attraverso correlazioni empiriche con q_c o N_{spt}, ricavate dalla letteratura tecnica, l'angolo di resistenza al taglio di picco φ_{picco} e la densità relativa D_r;

- si calcola la pressione efficace verticale a metà strato con la relazione $\sigma_{v0} = \gamma z$, dove γ è il peso di volume del terreno e z la profondità dalla superficie di riferimento del punto medio dello strato;

- si stima il coefficiente di spinta a riposo con la relazione (15) e la pressione efficace orizzontale con la (14);

- si calcola la pressione effettiva media con la (13);

- si seleziona il valore di Q in funzione della composizione mineralogica dei granuli;

- in funzione del valore di σ_n', con le correlazioni (11) o (12) si stima I_r;

- infine si calcola $\varphi_{c.v.}$ con la (10).

Esempio 3.

E' stata eseguita una prova penetrometrica statica a punta meccanica, individuando fra le profondità di 2,40 m e 4,80 m dal p.c. uno strato omogeneo di sabbia silicea. Si è calcolato il φ_k attraverso la correlazione empirica di Bolton.

La stima dei valori caratteristici dei parametri geotecnici

Profondità (m)	q_c(kg/cmq)
2,4	76
2,6	111
2,8	89
3,0	242
3,2	222
3,4	262
3,6	138
3,8	130
4,0	135
4,2	149
4,4	164
4,6	157
4,8	133

Per la stima del φ_{picco} si è impiegata la formula di Meyerhof:

$$\varphi_{picco} = 17 + 4,49 \ln(q_c)$$

per la densità relativa quella di Jamiolkowski et al.:

$$Dr = 100 \left[0,268 \ln\left(\frac{q_c}{\sigma_{v0}^{0.5}} \right) - 0,675 \right]$$

Profondità (m)	q_c(kg/cmq)	φ_{picco}(°)	D_r	σ_{v0}(kg/cmq)
2,4	76	36	0,60	0,42
2,6	111	38	0,69	0,46
2,8	89	37	0,62	0,50
3,0	242	42	0,85	0,54
3,2	222	41	0,85	0,57
3,4	262	42	0,85	0,61
3,6	138	39	0,70	0,65
3,8	130	39	0,68	0,68
4,0	135	39	0,68	0,72
4,2	149	39	0,70	0,76
4,4	164	40	0,72	0,79
4,6	157	40	0,70	0,83
4,8	133	39	0,65	0,87

Si sono calcolati quindi con le relazioni (15), (14) e (13) rispettivamente K_0, σ_{h0} e σ_n'.

La stima dei valori caratteristici dei parametri geotecnici

Profondità (m)	σ_{v0}(kg/cmq)	K_0	σ_{h0}(kg/cmq)	σ_n'(kg/cmq)
2,4	0,42	0,412	0,173	0,255
2,6	0,46	0,384	0,177	0,271
2,8	0,50	0,398	0,199	0,299
3,0	0,54	0,331	0,179	0,299
3,2	0,57	0,344	0,196	0,321
3,4	0,61	0,331	0,202	0,338
3,6	0,65	0,371	0,241	0,377
3,8	0,68	0,371	0,252	0,395
4,0	0,72	0,371	0,267	0,418
4,2	0,76	0,371	0,282	0,441
4,4	0,79	0,357	0,282	0,451
4,6	0,83	0,357	0,296	0,474
4,8	0,87	0,371	0,323	0,505

Infine con le formule (11) e (10), essendo sempre nel caso σ_n'≤150 kPa≅1,5 kg/cmq, si sono stimati I_r e $\varphi_{c.v.}$. Il parametro Q è stato posto uguale a 5 (sabbia silicea).

Profondità (m)	φ_{picco}(°)	D_r	Ir	$\varphi_{c.v.}$(°)
2,4	36	0,60	2,00	26,0
2,6	38	0,69	2,45	25,8
2,8	37	0,62	2,10	26,5
3,0	42	0,85	3,25	25,8
3,2	41	0,85	3,25	24,8
3,4	42	0,85	3,25	25,8
3,6	39	0,70	2,50	26,5
3,8	39	0,68	2,40	27,0
4,0	39	0,68	2,40	27,0
4,2	39	0,70	2,50	26,5
4,4	40	0,72	2,60	27,0
4,6	40	0,70	2,50	27,5
4,8	39	0,65	2,25	27,8

Naturalmente anche nel caso in cui si adotti l'approccio di calcolo geotecnico la scelta del valore di φ_k dipenderà dal fatto che le resistenze siano compensate o meno, coerentemente con le indicazioni della Normativa.

❑ Resistenze compensate o non compensate da misure dirette: si considera il valore medio di $\varphi_{c.v.}$ che in questo caso è uguale a 26,5°.

La stima dei valori caratteristici dei parametri geotecnici

❏ Resistenze non compensate da misure estrapolate: si considera il valore minimo di $\varphi_{c.v.}$ che in questo caso è uguale a 24,8°.

Si può notare come la differenza fra valore medio e minimo di $\varphi_{c.v.}$ sia ridotta (1,7°).

Vanno fatte due considerazioni relativamente a questo esempio. Se si fosse adottato l'approccio di calcolo statistico avremmo ottenuto i seguenti valori di φ_k:

❏ resistenze compensate o non compensate da misure dirette: $\varphi_k=40°$;

❏ resistenze non compensate da misure estrapolate: $\varphi_k=36°$.

L'enorme differenza di risultati derivanti dai due approcci si giustifica con il fatto che:

1. nell'approccio statistico si considerano le resistenze al taglio di picco, mentre in quello geotecnico quelle ultime, a volume costante;

2. in generale le formule per la stima della densità relativa sovrastimano il valore di D_r nei primi metri di profondità, conducendo di conseguenza a valori di $\varphi_{c.v.}$ estremamente cautelativi: 10°-16° fra valore di picco e ultimo sono da considerarsi eccessivi; nel caso sia presente anche ghiaia le sovrastime sono ancora più spinte.

4.2.3 Resistenza al taglio caratteristica in condizioni non drenate.

4.2.3.1 Definizione di coesione non drenata.

Nei terreni argillosi si parte generalmente dal presupposto che il carico della nuova struttura venga applicato quasi istantaneamente rispetto ai tempi necessari per la consolidazione

del deposito. In questa situazione, quando cioè si ha un tempo di applicazione del carico esterno inferiore al tempo di consolidazione, il drenaggio dell'acqua presente nei pori risulta impedito e la deformazione avviene a volume costante. Si parla allora di condizioni non drenate.
La legge di Mohr-Coulomb, espressa nella (1), va riscritta come segue:

$$(16) \tau = c_u$$

La grandezza c_u prende il nome di coesione non drenata, mentre la (16) esprime il criterio di resistenza al taglio di Tresca.

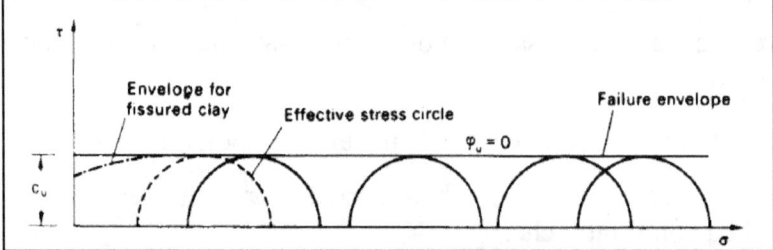

Figura 9: Criterio di resistenza al taglio di Tresca.

La c_u in realtà non è una proprietà intrinseca del terreno e il criterio di Tresca va visto solo come un modo semplificato di descrivere la resistenza al taglio dei terreni coesivi in condizioni di drenaggio impedito. La coesione non drenata dipende infatti dall'eccesso di pressione nei pori generata, quando il terreno è deformato a volume costante da uno sforzo di taglio e questo eccesso di pressione è funzione delle condizioni di sforzo di taglio iniziali e dalla modalità di deformazione del terreno. Ciò significa che lo stesso terreno può manifestare valori differenti di c_u a seconda del modo in cui viene sollecitato e del suo stato tensionale. Questo è il motivo per cui da un campione di argilla si ottengono valori di coesione non drenata differenti a seconda che sia sottoposto, per esempio, a prove di compressione a espansione laterale libera o di taglio diretto. Nella figura 10 è illustrato il modo in cui può variare la c_u in funzione della tipologia di prova di laboratorio. Il riferimento è il valore che si ottiene in una prova di compressione triassiale consolidata. Si può notare che la variabilità dei risultati è intorno al 40%. Nella figura 11 vengono presentati i risultati della stima di c_u da differenti metodologie di prova, in laboratorio e in situ, per un caso specifico. Si passa da un valore minimo di 8,8 kPa a uno massimo di 27,5 kPa per lo stesso tipo di argilla a profondità analoghe.

Va detto inoltre che la qualità del campione influisce fortemente sul risultato e quindi campioni di qualità differente sottoposti alla stessa tipologia di prova possono dare valori di c_u molto diversi fra loro. Questa dispersione di valori misurati in funzione della qualità del campione è meno pronunciata nel caso di test per la stima della resistenza al taglio in termini di pressioni efficaci.

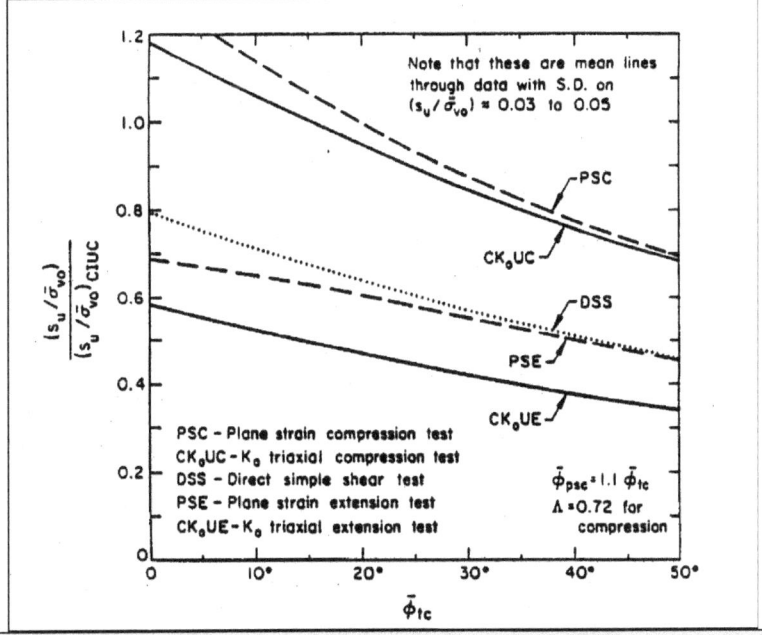

Figura 10: c_u in funzione della tipologia di prova (da Kulhawy, 1992).

La stima dei valori caratteristici dei parametri geotecnici

Tx-C K_0 CU (Laval) Tx-C K_0 CU (Sherbrooke)	$s_{u,av}$ = 22,5 kPa $s_{u,av}$ = 27,5 kPa
Tx-E K_0 CU (Laval)	$s_{u,av}$ = 8,8 kPa
Undrained DSS (Laval)	$s_{u,av}$ = 16,3 kPa
Field Vane (uncorrected)	$s_{u,av}$ = 16,3 kPa
Self boring pressuremeter	$s_{u,av}$ = 19,5 kPa
CPT (N_k = 12,5)	$s_{u,av}$ = 17,5 kPa
φ'_p = 37° c'= 4 kPa φ'_{cv} = 34°	φ'_p = 40 - 60 kPa

Figura 11: cu da differenti tipologie di prove (da Jardine et al., 1995).

Nella figura 12 vengono illustrati i modi in cui un terreno argilloso può essere sollecitato da diverse tipologie di opere. Nel caso del rilevato (embankment) si nota che nella posizione 1 il terreno è sollecitato a compressione, nella posizione 2 al taglio, nella posizione 3 in estensione. Inoltre i tre campioni sono posizionati a profondità diverse, risentendo quindi di pressioni litostatiche differenti. In base alle considerazione fatte sarà lecito aspettarsi valori di resistenza al taglio non drenata diversi nei tre punti. Questo significa che per valutare correttamente la resistenza al taglio massima in condizioni non drenate sarebbe necessario far variare, nel modello geotecnico, la c_u punto per punto lungo la superficie potenziale di rottura. E' ovvio che operativamente l'operazione risulterebbe piuttosto difficoltosa.
Di fatto quindi la coesione non drenata va considerato un parametro del terreno di difficile valutazione, per il quale anche le prove di laboratorio più sofisticate possono risultare di scarsa attendibilità.

La stima dei valori caratteristici dei parametri geotecnici

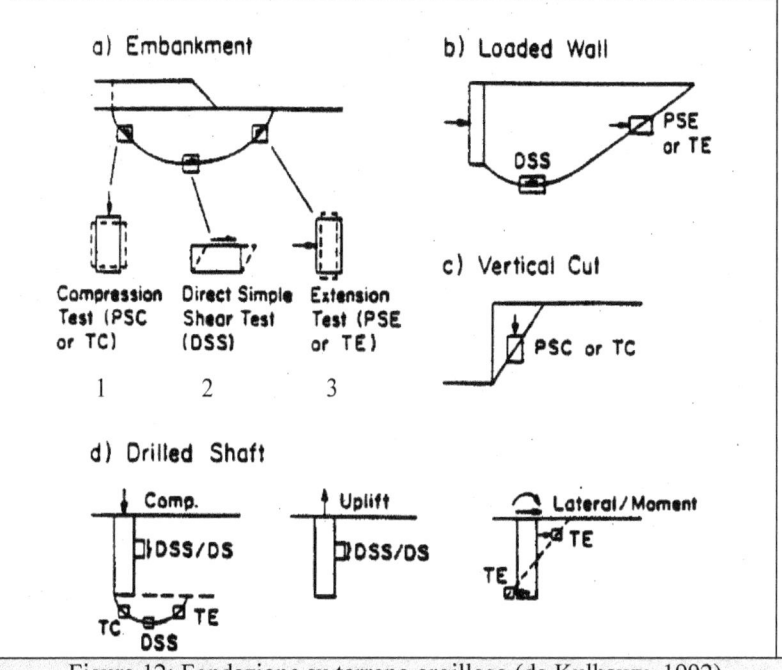

Figura 12: Fondazione su terreno argilloso (da Kulhawy, 1992).

4.2.3.2 Stima del valore caratteristico di c_u.

Il valore caratteristico della coesione non drenata dovrà essere valutato facendo riferimento, anche in questo caso, a una stima cautelativa e allo stesso tempo fisicamente ammissibile del parametro stesso.

Sulla base di considerazioni teoriche e di una notevole mole di dati sperimentali, in argille normalmente consolidate diversi Autori hanno messo in relazione direttamente il valore di c_u con la pressione verticale efficace σ_v:

$$(17) \left(\frac{c_u}{\sigma_v} \right)_{nc} = k$$

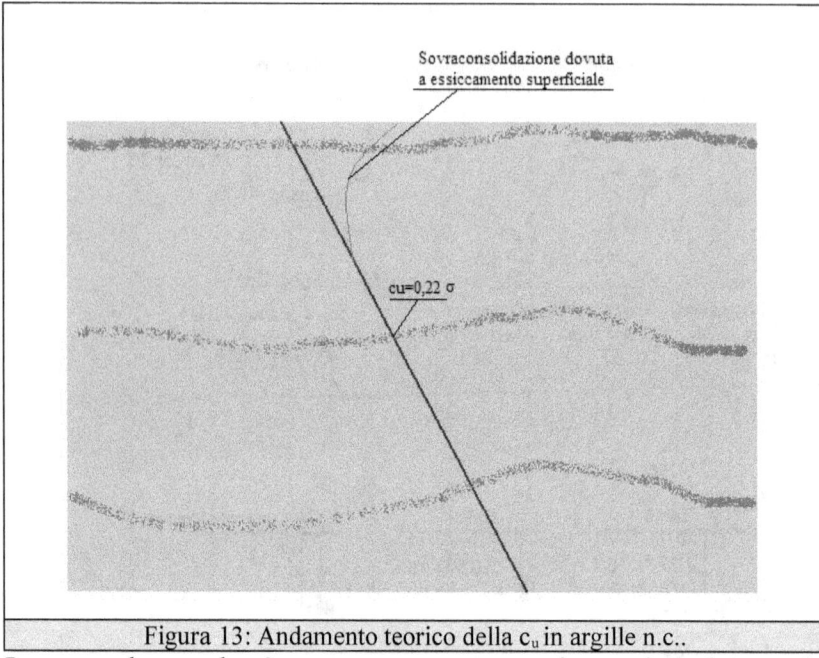

Figura 13: Andamento teorico della c_u in argille n.c..

La grandezza k è una costante sperimentale che varia normalmente nell'intervallo 0,22÷0,25 in funzione dell'indice di plasticità IP.

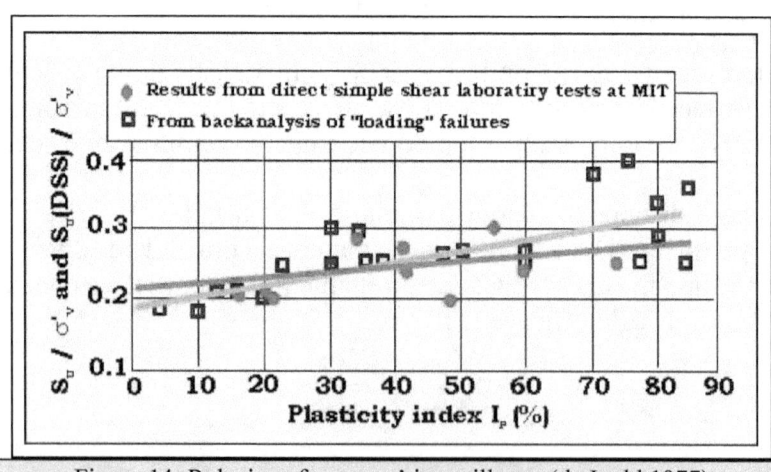

Figura 14: Relazione fra c_u e σ_v' in argille n.c.(da Ladd,1977)

Nel caso di argille sovraconsolidate la (17) viene solitamente riscritta come segue (Ladd et al.,1977):

$$(18) \left(\frac{c_u}{\sigma_v}\right)_{sc} = k(OCR)^{0,8}$$

dove OCR è il rapporto di sovraconsolidazione.
Dalla back-analisys di casi reali in terreni coesivi, dove è stata raggiunta la rottura al taglio del terreno in condizioni di drenaggio impedito, è emersa la seguente correlazione empirica (Mesre, 1975):

$$(19) \, c_u = 0,22 \sigma_v$$

Questa formula è simile alla (17) e la c_u che fornisce come risultato può essere interpretata come quella ultima, emergente in corrispondenza di grandi deformazioni del terreno (U.S.A.L.S. in inglese). E' una grandezza quindi che contraddistingue lo stato critico del terreno in seguito a rimaneggiamento dello stesso, con perdita d'informazione relativamente al suo stato iniziale. Concettualmente la c_{uUSALS} può essere assimilata al $\varphi_{c.v.}$ descritto in precedenza in quanto parametro che caratterizza lo stato ultimo del terreno. E' quindi possibile porre direttamente:

$$(20) \, c_{uk} = c_{uUSALS}$$

La (19) fornisce un limite inferiore al valore di c_u: valori di coesione non drenata inferiori a:

$$c_u = 0,22 \sigma_v$$

sono infatti da considerarsi non realistici, tranne il caso, ovviamente, in cui si sia in presenza di un terreno sottoconsolidato. Questa semplice relazione può essere usata quindi anche come controllo dei valori di coesione non drenata che si ottengono da prove di laboratorio o dall'interpretazione di prove in situ.

Esempio 4.

Sempre attraverso una prova penetrometrica statica è stato individuato uno strato superficiale di argilla compreso fra 0,4 e 2,2 metri di profondità dal p.c..

La stima dei valori caratteristici dei parametri geotecnici

Profondità (m)	q_c(kg/cmq)	IP	σ_v(kg/cmq)
0,4	14	30	0,06
0,6	13	30	0,10
0,8	9	10	0,13
1,0	9	5	0,17
1,2	13	5	0,21
2,4	14	5	0,25
1,6	7	10	0,28
1,8	8	5	0,32
2,0	12	5	0,35
2,2	17	5	0,39

Si è stimata la coesione non drenata massima con la formula di Lunne e Eide:

$$c_{u\max}(kg/cmq) = \frac{q_c - \sigma_{v0}}{20.7 - 0.18 IP}$$

dove IP è l'indice di plasticità. Il risultato è stato messo quindi a confronto la coesione non drenata per grandi deformazioni (c_{uUSALS}), stimata con la relazione (19).

Profondità (m)	q_c(kg/cmq)	c_{umax}(kg/cmq)	c_{uUSALS}(kg/cmq)
0,4	14	0,911	0,013
0,6	13	0,843	0,022
0,8	9	0,469	0,029
1,0	9	0,446	0,037
1,2	13	0,646	0,046
2,4	14	0,695	0,055
1,6	7	0,355	0,062
1,8	8	0,388	0,070
2,0	12	0,588	0,077
2,2	17	0,839	0,086

Valutiamo quindi la c_{uk} nelle due situazioni previste dalla Normativa.

❏ Resistenze compensate o non compensate da misure dirette: si prende il valore medio di c_{uUSALS}, che nel nostro esempio è uguale a 0,050 kg/cmq.

❏ Resistenze non compensate da misure estrapolate: si prende il valore minimo di di c_{uUSALS}, che nel nostro esempio è uguale a 0,013 kg/cmq.

Se avessimo impiegato l'approccio di calcolo statistico, avremmo ottenuto:

❏ resistenze compensate o non compensate da misure dirette: c_{uk}=0,624 kg/cmq;

| La stima dei valori caratteristici dei parametri geotecnici |

- resistenze non compensate da misure estrapolate: $c_{uk}=0{,}360$ kg/cmq.

Per giustificare la grande differenza di risultati fra i due metodi, valgono considerazioni analoghe a quelle viste nell'esempio 3:
1. nell'approccio statistico si considerano le resistenze al taglio di picco, mentre in quello geotecnico quelle ultime, per elevate deformazioni;
2. nei primi metri di profondità è sensibile l'effetto della sovraconsolidazione dovuto all'essiccamento superficiale, effetto che nell'approccio geotecnico viene ignorato.

4.3 Valori caratteristici per verifiche allo Stato Limite d'Esercizio.

4.3.1 Introduzione.

Rispetto a materiali come l'acciaio o il calcestruzzo, il terreno necessita di elevati livelli di deformazione per mobilitare la resistenza al taglio massima. Anche terreni con buone caratteristiche meccaniche possono richiedere deformazioni dell'ordine del 5% per mobilitare la resistenza di picco. Ciò significa che, anche senza raggiungere la condizione di rottura, le variazioni di volume dovute ai carichi esterni applicati possono creare problemi alle opere di ingegneria.

Abbiamo visto che per stato limite di esercizio s'intende una condizione in cui, pur non avendosi il collasso, l'opera subisce lesioni tali da limitarne le prestazioni in condizioni di esercizio. In geotecnica questa situazione è strettamente legata alle deformazioni del terreno. Il problema può essere affrontato da prospettive differenti. In pratica si può procedere secondo uno dei due modi di seguito descritti.

1. Procedimento diretto: si stimano, direttamente con prove di laboratorio o indirettamente attraverso l'interpretazione di prove in situ, i parametri di deformabilità del terreno (modulo di deformazione). Fissato quindi il carico di progetto con il quale l'opera solleciterà il terreno, si utilizzano le correlazioni empiriche o analitiche disponibili in letteratura, che richiedono le grandezze valutate in precedenza come input, per calcolare la deformazione corrispondente del terreno.

2. Procedimento inverso: in alternativa si fissa una deformazione massima ε_{max} tollerabile dall'opera, si valuta la resistenza al taglio mobilitata in corrispondenza di questo valore e si stima il carico esterno che genera ε_{max}.

Le due procedure si riferiscono alla stima dei cedimenti immediati, cioè alle deformazioni che si manifestano durante e immediatamente dopo l'applicazione del carico sul terreno. A parte verranno considerati quindi i cedimenti di consolidazione legati alla lenta espulsione dell'acqua in terreni fini sotto carico. Va fatta una precisazione importante che vale al di là dell'approccio di calcolo dei valori caratteristici selezionato. In generale per i parametri relativi allo Stato Limite di Esercizio è tollerata un'approssimazione maggiore rispetto alla condizione corrispondente allo Stato Limite Ultimo. Nell'Eurocodice 0 infatti si fissano probabilità di riferimento differenti per lo S.L.U. e per lo S.L.E.: dello 0,01% nel primo caso, del 10% nel secondo. Quindi mentre si impone che la condizione corrispondente allo Stato Limite Ultimo possa al massimo essere raggiunta o superata in un caso su diecimila (0,01%), per quella relativa allo Stato Limite di Esercizio la soglia è fissata in un caso su dieci. La differenza è perciò di tre ordini di grandezza. Questo ha come conseguenza diretta la necessità di una maggiore cautela nella valutazione dei valori caratteristici dei parametri di resistenza al taglio rispetto a quelli relativi alla deformabilità del terreno.

4.3.2 Procedimento diretto.

Il parametro geotecnico da determinare per la valutazione dei cedimenti immediati è il modulo elastico (E). Il parametro E è dato dal rapporto fra il carico normale applicato a un volume di terreno e la corrispondente deformazione assiale:

$$(21) \ E = \frac{\sigma_v}{\varepsilon_v}$$

La grandezza ε è un numero puro in quanto rappresenta il rapporto fra l'accorciamento che subisce il volume di terreno lungo la direzione di applicazione del carico e la sua lunghezza iniziale. Il parametro E quindi assume le unità di misura di σ_v.

In realtà le deformazioni indotte dai sovraccarichi esterni sono dovute principalmente a un riassetto dei granuli costituenti il terreno e solo in piccola parte allo schiacciamento elastico dei granuli stessi. Questo è il motivo per cui il valore di E varia, nei terreni incoerenti, in funzione del grado di addensamento. A parità di composizione granulometrica, una sabbia sciolta ha moduli elastici che sono il 50%, o anche più, inferiori a quelli misurabili in una sabbia addensata. In generale quindi è più appropriato parlare di modulo di deformazione, considerato appunto che la componente elastica è ridotta.

Il modulo di deformazione (E) quindi non è una proprietà intrinseca del terreno. Dipende infatti dallo stato tensionale iniziale, dal livello di deformazione indotto e dal tasso d'incremento dei carichi esterni. In generale maggiore è il grado di deformazione del terreno minore è il valore di E.

Nella figura 15 viene illustrato il modo in cui varia E in funzione della deformazione assiale di un volume di terreno.

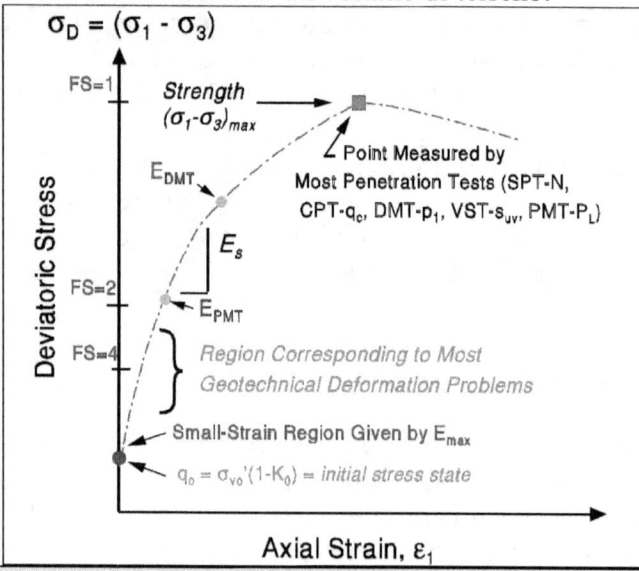

Figura 15- E in funzione della deformazione (da Mayne et al., 2001)

Il valore massimo di E (E_{max}) è quello che corrisponde a bassi livelli di deformazione (minori dello 0,001%) ed è misurabile direttamente attraverso prove geofisiche.

Nel grafico sulle ordinate compare lo sforzo deviatorico mobilitato. La grandezza FS indica il rapporto fra la resistenza al taglio massima mobilitabile dal terreno (τ_{max}) e quella effettivamente mobilitata in funzione del grado di deformazione (τ_{mob}).

$$(22)\ FS = \frac{\tau_{max}}{\tau_{mob}}$$

Nella regione corrispondente alle deformazioni che si manifestano nella maggior parte dei problemi geotecnici FS

assume un valore medio di 4. Il modulo di deformazione che si misura in questa condizione è quindi quello in cui la resistenza al taglio mobilitata è il 25% di quella massima (E_{25}).
Spesso si fa riferimento a moduli elastici corrispondenti a valori di FS uguali a 2, cioè a una condizione in cui lo sforzo di taglio mobilitato è il 50% di quello massimo (E_{50}). Graficamente questo modulo può essere visto come il coefficiente angolare di un retta che, partendo dall'origine ($\varepsilon=0$), interseca la curva sforzi-deformazioni in corrispondenza del punto in cui FS è uguale a 2. Si parla in questo caso di modulo elastico, o di deformazione, secante.
Il modulo elastico ricavabile da correlazioni con le misure da prove in situ (penetrometriche, pressiometriche, dilatometriche, di carico su piastra, ecc.) solitamente è proprio E_{50}. Di conseguenza i valori di E ricavati da indagini in situ si possono considerare già delle stime cautelative del modulo elastico. Di fatto quindi si potrà porre:

$$E_k = E_{50}$$

Una relazione empirica per ricavare il valore del modulo elastico in base al livello di deformazione raggiunto (E_{mob}) e quindi della resistenza al taglio mobilitata è la seguente (Fahey e Carter, 1993):

$$(23)\ E_{mob} = E_{max}\left[1 - f\left(\frac{\tau_{mob}}{\tau_{max}}\right)^g\right] = E_{max}\left[1 - f\left(\frac{1}{FS}\right)^g\right]$$

dove f=1 e g=0,3. Il rapporto τ_{mob}/τ_{max} è uguale a 1/FS in base alla definizione data nella (22). Questa relazione quindi permette, in maniera ovviamente approssimativa, di valutare la variazione di E in funzione di FS.

Esempio 5.

Da prove geofisiche abbiamo ricavato un valore di E_{max}=3000 kg/cmq. Ponendo un valore di FS=2 (limite superiore della zona d'interesse per problemi geotecnici), si ha:

La stima dei valori caratteristici dei parametri geotecnici

$$E_{mob} = E_{50} = E_{max}\left[1 - f\left(\frac{\tau_{mob}}{\tau_{max}}\right)^g\right] = 3000\left[1 - \left(\frac{1}{FS}\right)^{0,3}\right] = 563 kg/cmq$$

In condizioni di rottura incipiente per raggiungimento e successivo superamento della resistenza al taglio massima del terreno si può porre FS=1. Dalla (22) si ottiene quindi:

$$E_{mob} = E_{max}\left[1 - f\left(\frac{\tau_{mob}}{\tau_{max}}\right)^g\right] = 3000\left[1 - \left(\frac{1}{FS}\right)^{0,3}\right] = 0$$

In altre parole, in corrispondenza del raggiungimento della resistenza al taglio massima mobilitabile il modulo di deformazione diventa nullo.

Operativamente vediamo come selezionare il valore E_k nelle due situazioni previste dalla Normativa.

❑ Resistenze compensate o non compensate da misure dirette: si assume il valore medio di E_k calcolato.
❑ Resistenze non compensate da misure estrapolate: si assume il valore minimo di E_k calcolato.

4.3.3 Procedimento inverso.

4.3.3.1 Stima della deformazione massima ε_{max}.

Con il procedimento di calcolo inverso si stabilisce a priori una deformazione massima ε_{max} tollerabile dall'opera, si valuta la resistenza al taglio mobilitata (τ_{mob}) in corrispondenza di questo valore e quindi si effettua una stima del carico esterno che genera ε_{max}.

La stima dei valori caratteristici dei parametri geotecnici

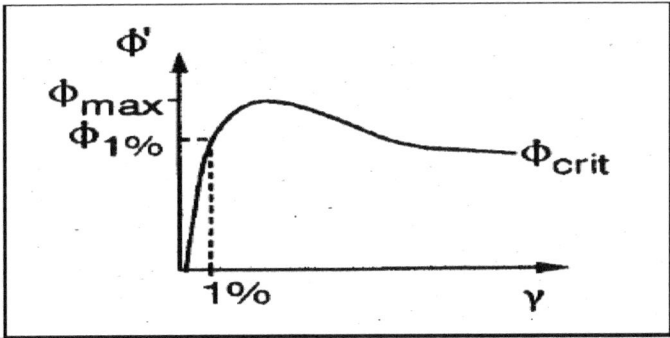

Figura 16 – Individuazione della resistenza di taglio mobilitata in funzione di una deformazione imposta nella curva sforzi di taglio – deformazioni (da Bolton ,1986).

Il primo passo quindi consiste nel valutare il valore di ε_{max}. Bolton (1996) suggerisce di ricavare ε_{max}, nel caso di fondazioni superficiali e su pali, con le seguenti relazioni:

$$(24)\, \varepsilon_{max} \approx \frac{2w}{B} \text{ (fondazioni superficiali)}$$

$$(25)\, \varepsilon_{max} \approx \frac{2w}{D} \text{ (fondazioni su pali)}$$

dove w è il cedimento massimo accettabile dalla struttura in progetto, B è la larghezza della fondazione superficiale e D il diametro del palo.
Nel caso di muri di sostegno Bolton consiglia di correlare ε_{max} alla massima rotazione tollerabile θ_{max} dal muro verso valle:

$$(26)\quad \varepsilon_{max} = 2\theta_{max}$$

Esempio 6.

Per una fondazione superficiale di larghezza B=2,00 metri (=2000 mm) si ipotizza un cedimento massimo tollerabile di w=25 mm. Calcoliamo la deformazione massima accettabile. Dalla (24) si ha:

$$\varepsilon_{max} \approx \frac{2w}{B} = \frac{2 \times 25}{2000} = 0,025 = 2,5\%$$

4.3.3.2 Stima di τ_{mob} da prove di laboratorio.

La resistenza al taglio mobilitata τ_{mob} in corrispondenza di un valore assegnato di deformazione del terreno ε_{max} può essere stimata dal grafico sforzi-deformazioni di una prova triassiale.
Ricostruita perciò la curva sforzi-deformazioni *rappresentativa* del terreno e scelto ε_{max} si può leggere direttamente sull'asse delle ordinate il valore di τ_{mob} corrispondente. Si tenga presente che per passare dal valore di ε_{max} di riferimento a quello di ε_v che appare alle ascisse nella curva sforzi-deformazione è necessario dividere il primo per un fattore correttivo uguale a 1,5:

$$(27)\ \varepsilon_v = \frac{\varepsilon_{max}}{1,5}$$

Il problema principale di questa procedura è evidentemente la selezione di un campione di terreno che possa essere considerato rappresentativo del comportamento reale del sottosuolo. Si deve partire ovviamente dal presupposto che quest'ultimo sia omogeneo, almeno all'interno di una prestabilita profondità R dal piano di applicazione del carico esterno. I campioni da sottoporre alle prove di laboratorio andranno perciò prelevati all'interno di questa profondità. Nel caso di fondazioni superficiali, secondo le indicazioni di Meyerhof (1953), R può essere valutata con la seguente relazione:

$$(28)\ R = \frac{1}{2} B \tan\left(45 + \frac{\varphi}{2}\right)$$

Altri Autori consigliano valori di R indicativamente compresi fra 1 e 2 volte B.

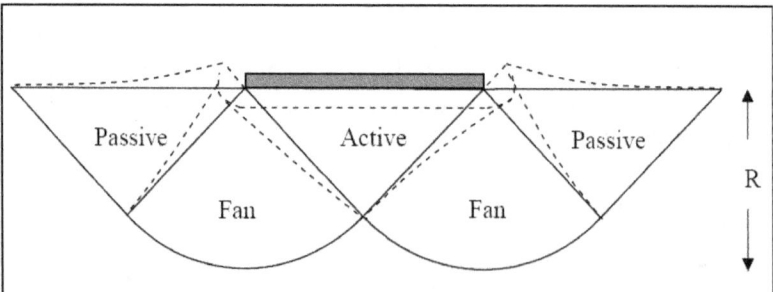

Figura 17 – Cuneo efficace di una fondazione superficiale (da Bolton et al., 2004)

La stima dei valori caratteristici dei parametri geotecnici

Esempio 7.

Per una fondazione superficiale quadrata di larghezza uguale a 2 m (B=2000 mm) si è valutato un cedimento immediato massimo tollerabile di 30 mm (w=30mm). Il plinto poggia su uno strato di argilla omogeneo. Alla profondità di 3,0 m dal piano di posa (R =1,5xB) è stato prelevato un campione indisturbato da sottoporre a una prova di compressione triassiale non drenata (UU). Calcoliamo la massima resistenza al taglio mobilitabile.

- Stimiamo con la (24) la deformazione indotta nel terreno da un cedimento della fondazione di 30 mm:

$$\varepsilon_{max} \approx 2\frac{w}{B} = 2\frac{30}{2000} = 0,03 = 3,0\%$$

- Costruiamo il diagramma sforzi-deformazioni, usando nella prova triassiale una pressione di confinamento prossima a quella litostatica totale subita dal campione alla profondità di prelievo.

La stima dei valori caratteristici dei parametri geotecnici

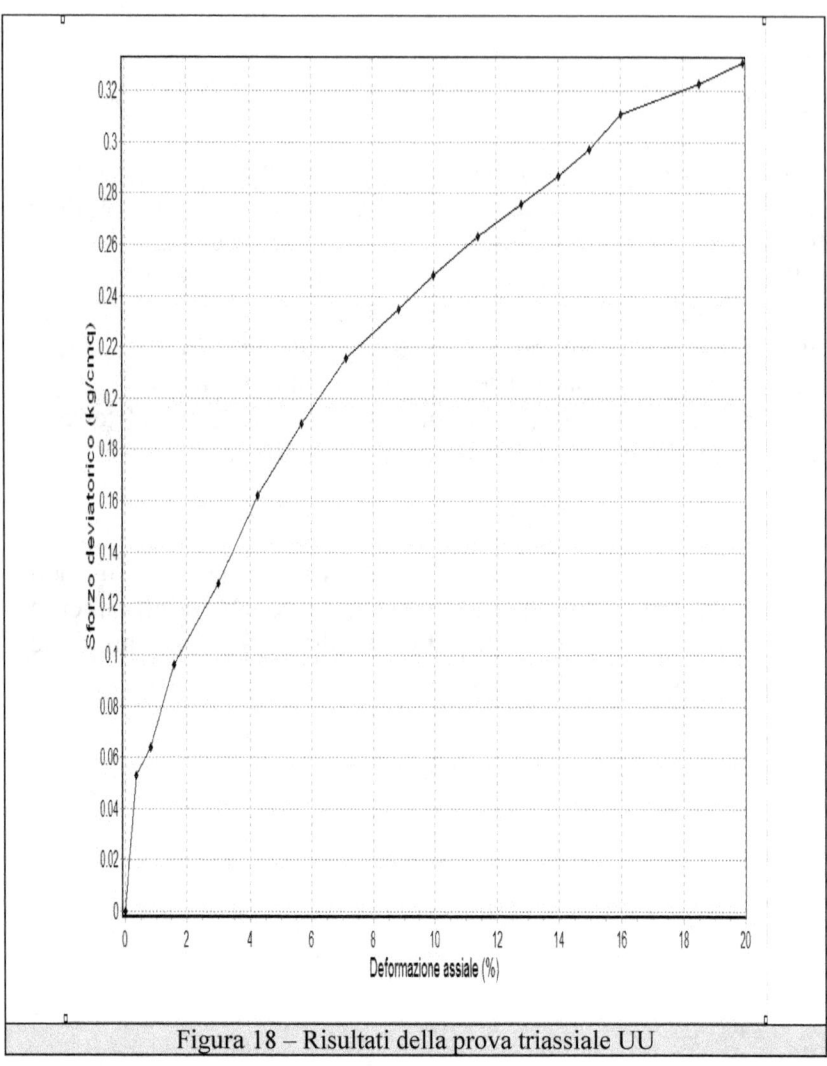

Figura 18 – Risultati della prova triassiale UU

- Ricaviamo con la (27) il valore di ε_v:

$$\varepsilon_v = \frac{\varepsilon_{max}}{1,5} = \frac{3,0}{1,5} = 2,0\%$$

- Leggiamo sul grafico sforzi-deformazioni (figura 18) il valore dello sforzo deviatorico $\Delta\sigma$ che corrisponde a una deformazione assiale ε_v del 2%:

$$\Delta\sigma(kg/cmq)=0,105$$

La stima dei valori caratteristici dei parametri geotecnici

- Ricordando che la coesione non drenata è la metà dello sforzo deviatorico, otteniamo:

$$c_{u\,mob} = \frac{\Delta\sigma}{2} = \frac{0,105}{2} = 0,053(kg/cmq)$$

- Applichiamo infine la formula di Brinch-Hansen per calcolare la capacità portante del terreno mobilitata con un cedimento uguale a w, ponendo per semplicità la profondità di posa uguale a zero (D=0) e il fattore di forma s_c=0,2B/L:

$$q_{mob}(kg/cmq) = 5,14c_u(1+s_c) = 5,14x0,053x(1+0,2) = 0,327(kg/cmq)$$

Il risultato ottenuto ha il seguente significato: per contenere i cedimenti della fondazione entro i 30 mm il carico applicato sulla fondazione non dovrà superare i 0,327 kg/cmq. La grandezza q_{mob} rappresenta quindi la resistenza del terreno mobilitata nella condizione raggiunta nello Stato Limite di Esercizio della fondazione.

Proviamo ora a calcolare il carico a rottura del terreno (resistenza allo Stato Limite Ultimo).

- Nel diagramma sforzi-deformazioni leggiamo il valore dello sforzo deviatorico corrispondente a una deformazione assiale del 20% (rottura):

$$\Delta\sigma = 0,33(kg/cmq)$$

- Calcoliamo la c_u corrispondente:

$$c_{u\,\max} = \frac{\Delta\sigma}{2} = \frac{0,33}{2} = 0,165(kg/cmq)$$

- Calcoliamo la capacità portante:

$$q_{SLU}(kg/cmq) = 5,14c_u(1+s_c) = 5,14x0,165x(1+0,2) = 1,018(kg/cmq)$$

Quindi il rapporto fra le resistenze al taglio mobilitate nelle due condizioni (S.L.U. e S.L.E.) è uguale a:

$$M = \frac{q_{SLU}}{q_{SLE}} = \frac{c_{u\,\max}}{c_{umob}} = \frac{0,165}{0,053} = 3,11$$

Il procedimento descritto può anche essere invertito. In pratica cioè fissato un valore di q_{mob}, corrispondente allo S.L.E., si può risalire al relativo valore del cedimento della fondazione semplicemente rovesciando la sequenza di calcolo. Si calcolano

| La stima dei valori caratteristici dei parametri geotecnici |

quindi in sequenza la c_u mobilitata con la relazione di Brinch Hansen, lo sforzo deviatorico, la deformazione assiale corrispondente nel diagramma sforzi-deformazioni e il relativo valore di ε_{max} e da questo infine, con la (24), il cedimento w. Questo procedimento di calcolo, ideato da Bolton et al. (2004), viene solitamente indicato in letteratura con la sigla M.S.D. (Mobilisable Strenght Design).

I limiti insiti in questa procedura sono evidenti.

- Esiste il già citato problema della selezione del campione rappresentativo.
- La prova di laboratorio va eseguita su un campione indisturbato, rendendo di fatto molto problematica l'applicazione del metodo a terreni incoerenti.
- Il cedimento immediato calcolato va visto come un valore medio e non è possibile stimare i cedimenti differenziali.
- Si parte dal presupposto che l'opera d'ingegneria in progetto sia isolata, cioè non subisca gli effetti di altre strutture poste nelle vicinanze. Questo significa che, nel caso per esempio di fondazioni superficiali, le opere fondazionali contigue devono essere poste a una distanza sufficientemente grande da non produrre interferenze. Bolton et al. (2004) suggeriscono, nel caso di più fondazioni vicine, di considerare una fondazione circolare equivalente, cioè con area uguale alla somma delle aree dei singoli plinti o travi.

4.3.3.3 Stima di τ_{mob} da correlazioni empiriche.

Nella condizione corrispondente allo Stato Limite di Esercizio la resistenza al taglio mobilitata nel terreno dall'applicazione, o rimozione, di carichi esterni è, abbiamo visto, una frazione di quella massima. E' possibile quindi definire un fattore di mobilitazione della resistenza al taglio dato dal rapporto fra i due valori di τ:

$$(29)\ M = \frac{\tau_{max}}{\tau_{mob}}$$

In condizioni drenate la (29) assume la forma:

$$(30)\ M = \frac{\tan\varphi_{max}}{\tan\varphi_{mob}}$$

mentre in condizioni drenate è:

$$(31)\ M = \frac{c_{u\,max}}{c_{umob}}$$

La grandezza M può essere vista quindi come un fattore di sicurezza da applicare alla resistenza al taglio massima del terreno per ottenere quella corrispondente a livelli di deformazione accettabili dalla struttura.
Bolton (1986), facendo riferimento a una deformazione massima del terreno ε_{max} dell'1%, suggerisce alcuni valori di M per terreni incoerenti e coesivi.

Descrizione	M
Sabbia silicea med.addensata (75%<D_r<50%)	1,75
Sabbia silicea molto addensata (Dr≥75%)	1,5
Argilla mediamente sovraconsolidata	1,75
Argilla fortemente sovraconsolidata	1,5

Nel caso di sabbie calcaree, in condizioni di sforzi applicati elevati, andranno utilizzati valori di M maggiori in relazione alla minore resistenza meccanica dei granuli. Nelle sabbie sciolte (D_r≤50%) e nelle argille normalmente consolidate M assume valori più alti (vedi esempio 7) e di difficile valutazione.
Per valori di deformazioni maggiori di 1% Bolton suggerisce di diminuire del 20% il valore di M per ogni raddoppio di ε_{max}.

Esempio 8.

In una sabbia mediamente addensata si ipotizza un deformazione massima del terreno tollerabile ε_{max} del 2%. Calcoliamo il valore di M corrispondente:

$$M_{2\%} = M_{1\%} - 0{,}20 M_{1\%} = 1{,}75 - 0{,}35 = 1{,}4$$

In modo simile per deformazioni minori dell'1% Bolton consiglia di aumentare il valore di M del 20% per ogni dimezzamento di ε_{max}.

Esempio 9.

In una sabbia mediamente addensata si ipotizza un deformazione massima del terreno tollerabile ε_{max} dello 0,5%. Calcoliamo il valore di M corrispondente:

$$M_{0,5\%} = M_{1\%} + 0{,}20 M_{1\%} = 1{,}75 + 0{,}35 = 2{,}1$$

Selezionato il valore di M e nota la resistenza al taglio massima del terreno τ_{max} si può procedere al calcolo della resistenza al taglio mobilitata in funzione della deformazione massima del terreno prefissata:

$$(32)\; \tau_{mob} = \frac{\tau_{max}}{M}$$

Il valore di τ_{mob} non potrà ovviamente essere superiore alla resistenza al taglio ultima del terreno τ_{ult} (figura 19 caso a). Quest'ultima, lo ricordiamo, è quella che fa riferimento ai parametri $\varphi_{c.v.}$ o c_{uUSALS}. Quando ciò accadesse si dovrà porre:

$$(33)\; \tau_{mob} = \tau_{ult} \text{ (figura 19 caso b)}$$

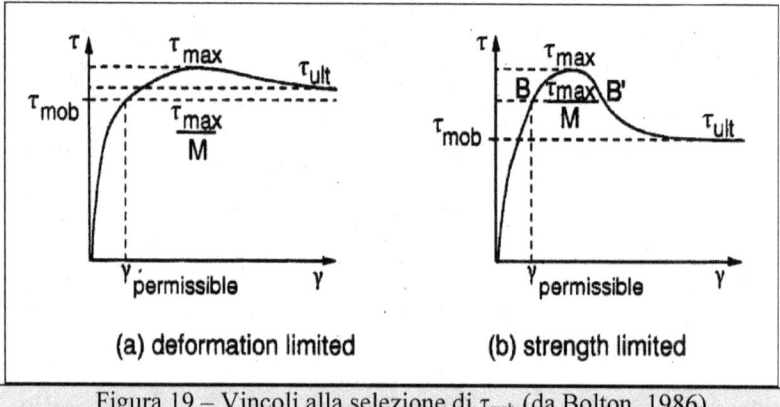

Figura 19 – Vincoli alla selezione di τ_{mob} (da Bolton, 1986).

Il motivo di questa limitazione è chiaro: usando l'approccio geotecnico per stimare i valori caratteristici dei parametri geotecnici si impone $\tau_{SLU}=\tau_{ult}$; nell'ipotesi $\tau_{mob}>\tau_{ult}$ si otterrebbe perciò una resistenza al taglio nella condizione S.L.E superiore a quella relativa alla condizione S.L.U..

Nella (32) il valore di τ_{max} da utilizzare è rappresentato dalla media della resistenza al taglio massima misura all'interno della profondità di riferimento R (vedi paragrafo precedente).

Esempio 10.

Riprendiamo i dati dell'esempio 3. Sullo strato omogeneo compreso fra le profondità 2,4÷4,8 m, caratterizzato attraverso una prova C.P.T., è stata posata una fondazione superficiale.

Profondità (m)	$\varphi_{picco}(°)$	D_r	$\varphi_{c.v.}(°)$
2,4	36	0,60	26,0
2,6	38	0,69	25,8
2,8	37	0,62	26,5
3,0	42	0,85	25,8
3,2	41	0,85	24,8
3,4	42	0,85	25,8
3,6	39	0,70	26,5
3,8	39	0,68	27,0
4,0	39	0,68	27,0
4,2	39	0,70	26,5
4,4	40	0,72	27,0
4,6	40	0,70	27,5
4,8	39	0,65	27,8

Il plinto è un quadrato di 2 metri di lato ($B=L=2,0$ m), la profondità di posa è di 2,4 metri ($D=2,4$ m) e il peso di volume del terreno è di 1,80 t/mc ($\gamma_k=1,80$ t/mc). Si è valutato che la struttura poggiante sul plinto possa tollerare al massimo un cedimento immediato di 20 mm ($w=20$ mm). Calcoliamo la capacità portante mobilitata in corrispondenza del valore di w prefissato.

- Si stima con la (24) la deformazione indotta nel terreno da un cedimento della fondazione di 20 mm:

$$\varepsilon_{max} \approx 2\frac{w}{B} = 2\frac{20}{2000} = 0,02 = 2,0\%$$

- La densità relativa media nello strato è del 71% ($D_{rmedia}=0,71$): il terreno può essere quindi classificato come mediamente addensato. L'angolo di resistenza al taglio di picco medio è di 39° ($\varphi_{medio}=39°$). Applicando la (28) si è calcolata la profondità di riferimento R:

$$R = \frac{1}{2} B \tan\left(45 + \frac{\varphi}{2}\right) = \frac{1}{2} x 2,0 x \tan\left(45 + \frac{39}{2}\right) = 2,1m$$

- Si è ricalcolato il valore medio di φ di picco all'interno della profondità di riferimento R, partendo dal piano di posa della fondazione, quindi nell'intervallo 2,4÷4,5m. Si è ottenuto ancora un valore di 39° (φ_{medio}=39°).
- Avendo imposto una ε_{max}=2%, si è valutato il fattore di mobilizzazione M (vedi esempio 8):

$$M_{2\%} = M_{1\%} - 0,20 M_{1\%} = 1,75 - 0,35 = 1,4$$

- Con la relazione (30) si è stimato l'angolo di resistenza al taglio mobilitato:

$$\tan \varphi_{mob} = \frac{\tan \varphi_{max}}{M} = \frac{\tan 39°}{1,4} = 0,578 = 30°$$

- Il valore di φ_{mob} individuato è superiore al valore medio di $\varphi_{c.v.}$ dello strato($\varphi_{c.v.medio}$=26,5°, vedi esempio 3) quindi, per la (33), si è posto:

$$\varphi_{mob} = \varphi_{c.v.} = 26,5°$$

- Con i dati ricavati si è calcolata infine la capacità portante mobilitata della fondazione. E' stato impiegato l'approccio di calcolo II previsto dal D.M.14.01.2008, in quanto, come si vedrà nel capitolo 6, è quello consigliato nel caso i valori caratteristici dei parametri vengano ottenuti con l'approccio geotecnico. In questo esempio, per semplificare i calcoli, si è utilizzata la formula di Terzaghi:

$$q = \gamma D N_q + 0,5 B \gamma N_\gamma s_\gamma$$

in cui s_γ=0,8 (fondazioni quadrate), N_q=15,30 e N_γ=8,7 (con φ=26,5°). Si ottiene:

$$q_{mob} = \frac{\gamma D N_q + 0,5 B \gamma N_\gamma s_\gamma}{2,3} = \frac{1,8 x 2,4 x 15,3 + 0,5 x 2,0 x 1,8 x 8,7 x 0,8}{2,3} = 34,18 t/mq$$

$$34,18 t/mq = 3,418 kg/cmq$$

Ricordiamo che in questo esempio il carico necessario per produrre un cedimento immediato di 20 mm è identico alla resistenza a rottura del terreno, in quanto (vedi punto 6) si è posto φ_{mob}=$\varphi_{c.v.}$. In altre parole si ha q_{SLE}=q_{SLU}. Questo succede perché sia nella condizione relativa allo Stato Limite Ultimo che in quella corrispondente allo Stato Limite di Esercizio si è deciso di operare con l'approccio geotecnico nella scelta dei valori caratteristici dei parametri del terreno. Nulla in realtà ci impedisce però di calcolare la q_{SLU} stimando φ_k con l'approccio di calcolo statistico e di impiegare quindi la procedura descritta in questo paragrafo per valutare la q_{SLE}. Abbiamo visto infatti nell'esempio 3 che l'approccio geotecnico applicato ai dati di una prova penetrometrica porta a una sottostima di φ_k e di conseguenza anche della q_{SLU}.

I limiti di questa procedura di calcolo per la stima della τ_{mob} sono essenzialmente due:
- si applica esclusivamente a strati omogenei, per cui non è utilizzabile nel caso siano presenti terreni multistrato entro la profondità di riferimento R.
- dove i terreni siano composti da sabbie sciolte ($D_r \leq 50\%$) o da argille normalmente consolidate i fattori di mobilizzazione M tendono ad avere una variabilità elevata, rendendo poco affidabile l'applicazione del procedimento.

4.3.4 Cedimenti di consolidazione.

Nei due paragrafi precedenti abbiamo descritto i criteri per valutare i valori dei parametri che influenzano i cedimenti immediati dei terreni di fondazione noto il carico applicato (procedimento diretto) e le procedure per stimare la tensione necessaria a produrre un cedimento immediato prefissato (procedimento inverso). Per completare il quadro è necessario però introdurre anche il problema della valutazione dei cedimenti di consolidazione.

E' noto che nelle argille, se il tempo di applicazione, o di rimozione, del carico esterno è inferiore al tempo di consolidazione del terreno, si è in presenza di condizioni di drenaggio impedito. In queste situazioni, oltre al cedimento immediato, andrà valutato anche quello di consolidazione, causato dalla variazione di volume dello strato in seguito alla lenta espulsione dell'acqua contenuta nei pori.

Le relazioni per calcolare i cedimenti di consolidazione sono riassunte di seguito:

$$S_c = \Delta H \frac{C_c}{1+e_0} Log10\left(\frac{\sigma'+\Delta\sigma}{\sigma'}\right) \text{(argille n.c.)};$$

$$S_c = \Delta H \frac{C_c}{1+e_0} Log10\left(\frac{\sigma'+\Delta\sigma}{\sigma'}\right) \text{(argille s.c. con } \Delta\sigma \leq \sigma_c);$$

$$S_c = \Delta H \frac{C_c}{1+e_0} Log10\left(\frac{\sigma_c}{\sigma'}\right) + \Delta H \frac{C_r}{1+e_0} Log10\left(\frac{\sigma'+\Delta\sigma}{\sigma_c}\right);$$

(argille s.c. con $\Delta\sigma' > \sigma_c$);

in cui:
ΔH = spessore dello strato;
C_c = indice di compressione;
C_r = indice di ricompressione;
σ' = pressione litostatica a metà strato;
σ_c = pressione di sovraconsolidazione a metà strato;
$\Delta\sigma$ = incremento di pressione a metà strato;
e_0 = indice naturale dei vuoti.

Volendo considerare anche il cedimento secondario, dovuto alla deformazione viscosa dei granuli a consolidazione esaurita, si dovrà utilizzare la seguente espressione:

La stima dei valori caratteristici dei parametri geotecnici

$$S_s = \Delta H C_s Log_{10}(T+1);$$

in cui:

C_s =indice di compressione secondario;

T =tempo di calcolo del cedimento secondario in anni.

I valori caratteristici da stimare per il calcolo del cedimento di consolidazione e secondario si riferiscono quindi a ben quattro parametri diversi e_0, C_c, C_r e C_s. La situazione in realtà è meno complessa di quanto potrebbe apparire. I parametri e_0, C_c, C_r e C_s, a differenza di E, infatti non sono legati allo stato tensionale e al livello di deformazione, ma sono proprietà intrinseche del terreno. Dipendono infatti solo dalle proprietà indici (granulometria, limite liquido, limite plastico, ecc.) e perciò, all'interno di uno strato omogeneo, sono da considerarsi invariabili.

A titolo di esempio, si riportano in figura 20 (da Atkinson, 1993) gli andamenti di due curve nel diagramma indici dei vuoti-logaritmo della pressione ricavato da una prova edometrica. Una delle rette si riferisce a un campione di argilla indisturbato (NCL), l'altra allo stesso campione rimaneggiato successivamente (CSL). Le pendenze delle due curve, che rappresentano il parametro C_c, sono identiche nei due casi.

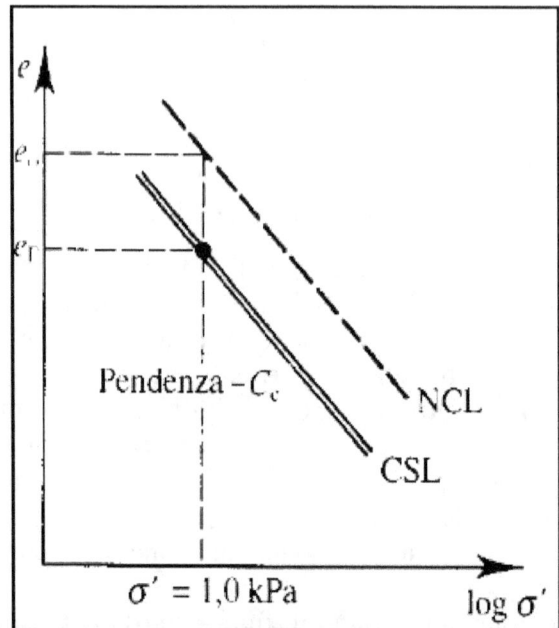

Figura 20 – Cc in argille rimaneggiate (CSL) e indisturbate (NCL) (da Atkinson, 1993).

Naturalmente non esiste uno strato perfettamente omogeneo. Anche all'interno di un livello di argilla all'apparenza uniforme le proprietà indici possono subire delle piccole variazioni da punto a punto. Queste fluttuazioni, che si riflettono anche sui valori di e_0, C_c, C_r e C_s, hanno però un'ampiezza limitata, tanto da potersi normalmente trascurare.

La variabilità ridotta di queste grandezze consente di impiegare i risultati ottenuti da test di laboratorio (per esempio da prove edometriche) direttamente nei calcoli geotecnici senza ulteriori elaborazioni. In altre parole i valori di e_0, C_c, C_r e C_s, ottenuti da un campione di argilla possono essere trattati come valori caratteristici di questi parametri per lo strato argilloso ai quali si riferiscono.

5 Approccio statistico vs geotecnico.

Approccio geotecnico e approccio statistico rappresentano due modi diametralmente opposti per risolvere il problema della stima dei valori caratteristici dei parametri geotecnici. Nel primo, quello geotecnico, la questione viene affrontata da un punto di vista prettamente fisico: partendo dalla conoscenza dei meccanismi fisici che conducono al manifestarsi di determinati comportamenti nel materiale terreno, si cerca di ridurre al minimo l'indeterminazione insita nell'analisi con l'individuazione di grandezze che abbiano una variabilità ridotta e che siano di semplice determinazione. In condizioni drenate si rinuncia perciò all'uso dell'angolo di resistenza al taglio di picco, parametro caratterizzato da estrema variabilità e quindi scarsa affidabilità, per puntare sull'angolo di resistenza al taglio a volume costante. Quest'ultima è una grandezza costante, intrinseca, dipendente esclusivamente dalla granulometria, dalla composizione mineralogica e dal grado di arrotondamento dei granuli. Analogamente, in condizioni di drenaggio impedito, si suggerisce di stimare la coesione non drenata caratteristica ponendola uguale a quella misurabile in corrispondenza di elevati livelli deformativi. In ambedue i casi il risultato è una stima cautelativa, ma fisicamente giustificata, del parametro geotecnico considerato.

Nell'approccio statistico, come si è detto, i meccanismi fisici che sono alla base del comportamento del terreno sollecitato da forze esterne vengono completamente e deliberatamente ignorati. Si trattano i parametri geotecnici come variabili casuali, rinunciando a ogni considerazione di tipo deterministico basate su un rapporto causa-effetto chiaro e facilmente individuabile. Si parte cioè dal presupposto che le grandezze in gioco siano talmente numerose e legate fra loro in modo così complesso da rendere in pratica eccessivamente oneroso qualsiasi tentativo di predizione fisico basato su esse.

In altre parole con l'approccio geotecnico si tenta di eliminare l'indeterminazione insita nelle misure, in quello statistico si cerca di gestirla in maniera razionale.

A livello operativo le differenze fondamentali fra gli approcci di calcolo descritti sono due:

> La stima dei valori caratteristici dei parametri geotecnici

1. nell'approccio statistico si opera con i parametri di resistenza al taglio di picco, in quello geotecnico con quelli critici (o ultimi), mobilitati in corrispondenza degli elevati livelli di deformazione che si verificano successivamente al superamento del picco di resistenza;
2. nell'approccio statistico le procedure di calcolo da impiegare per la determinazione dei parametri corrispondenti allo Stato Limite Ultimo e di Esercizio sono identiche, nell'approccio geotecnico il percorso di valutazione differisce nei due casi.

Chiarita la differenza teorica, rimane da rispondere al quesito più importante: qual è l'approccio migliore?

La risposta a questa domanda è abbastanza ovvia: non esiste un approccio da preferirsi in generale, esistono invece condizioni e contesti che suggeriscono l'impiego di uno piuttosto che dell'altro.

Indubbiamente l'approccio statistico ha il vantaggio dell'automatismo: raccolti i dati e individuata la formula più adatta alla situazione, a seconda che le resistenza siano compensate o meno, e in base alle dimensioni del campione, il calcolo è immediato e facilmente automatizzabile. Infatti le relazioni viste nel capitolo 3 sono applicabili direttamente per la stima del valore caratteristico di qualsiasi parametro geotecnico, in condizioni drenate e non, e indifferentemente per verifiche allo Stato Limite Ultimo e allo Stato Limite d'Esercizio.

Il limite principale di quest'approccio deriva dal fatto, che, proprio perché trascura il significato fisico delle grandezze geotecniche, può condurre in alcuni casi a valutazioni eccessivamente cautelative delle stesse. Ciò si verifica principalmente quando vi è un'elevata dispersione di dati o si è in possesso di un campione numericamente troppo ridotto. Da qui la necessità di filtrare con attenzione i risultati, valutando la possibilità, nel caso si ottengano valori manifestamente non coerenti con quanto l'esperienza suggerisce per la situazione in esame, di cambiare approccio.

| La stima dei valori caratteristici dei parametri geotecnici |

Si è già accennato al fatto che il metodo statistico predilige la quantità alla qualità. Un numero elevato di misure di qualità mediocre è da preferirsi a poche misure di qualità ottima. Questo ovviamente perché nel primo caso si ha un'indicazione migliore della variabilità del parametro rispetto al secondo. Ciò significa che in presenza di un numero molto ridotto di dati l'approccio statistico, anche se possibile, è in linea di massima da evitare. Se poi si tratta di risultati ottenuti da costose prove di laboratorio, l'approccio geotecnico diventa di fatto l'unico accettabile.
L'eccessiva sottostima dei valori caratteristici, per i motivi detti, e cioè grande dispersione o scarsa numerosità del campione, è sempre in agguato quando si impiegano le procedure di calcolo della statistica. Nell'approccio geotecnico, almeno per quanto riguarda i parametri di resistenza al taglio, questo rischio è minore, in quanto la scelta dell'angolo di resistenza al taglio a volume costante e della coesione non drenata U.S.A.L.S. consentono di fissare i limiti inferiori al valore che queste grandezze possono assumere. In questo caso però la qualità della misura diventa fondamentale, in particolare nella valutazione della resistenza al taglio in termini di pressione efficace. La stima, per esempio, di $\varphi_{c.v.}$ con la relazione di Bolton implica misure di φ_{picco} e di densità relativa (D_r) sufficientemente precise. Se questi due parametri sono stati ottenuti attraverso una delle tante correlazioni empiriche esistenti in letteratura che li legano al numero di colpi di una prova S.P.T. o alla resistenza alla punta di una prova C.P.T., il loro utilizzo per ottenere $\varphi_{c.v.}$ diventa più problematico. Le formule empiriche infatti spesso hanno un'approssimazione che si aggira intorno al 10÷20%. L'indeterminazione di φ_{picco}, 10÷20%, si somma a quella di D_r, un altro 10÷20%, riflettendosi negativamente sull'affidabilità della stima di $\varphi_{c.v.}$. Il problema diventa meno drammatico nella valutazione della coesione non drenata, in quanto, in questo caso l'incertezza nei parametri di input, essenzialmente il peso di volume, è molto più contenuta.

Un altro limite insito nell'approccio geotecnico è la sua onerosità in termini di tempo di elaborazione. Si è detto che questo modo di procedere implica percorsi di calcolo differenti a seconda del parametro e dello Stato Limite considerato. Trattare la grande quantità di misure ottenuta da prove penetrometriche con questo approccio può diventare difficoltoso, anche con l'utilizzo di un software dedicato.

In conclusione, viste le considerazioni fatte, è possibile accennare a una regola generale coerente con le indicazioni contenute nell'Eurocodice 0.

- Nel caso si abbia la disponibilità di un elevato numero di dati di qualità non elevata l'approccio statistico è da preferire. Questa situazione si concretizza in pratica principalmente nei casi in cui il terreno sia stato indagato attraverso l'esecuzione di prove penetrometriche continue, statiche o dinamiche. L'elevata mole di misure disponibile consente l'uso, con una certa tranquillità, dei metodi statistici, la qualità mediocre del dato, viceversa, rende meno affidabile, e molto più laborioso, l'approccio geotecnico.
- Nella situazione opposta, pochi dati di elevata qualità, provenienti principalmente da misure dirette in prove di laboratorio, l'approccio geotecnico diventa di fatto l'unica strada seriamente percorribile.

Nell'ultimo caso che si può praticamente verificare, poche misure disponibili e di scarsa qualità, per esempio provenienti da un S.P.T. in foro di sondaggio, l'approccio geotecnico, per quanto con esito meno sicuro rispetto allo scenario precedente, è da preferirsi. Abbiamo visto infatti che, nel caso di campioni di dimensioni ridotte o addirittura unitari, l'applicazione dei metodi statistici è possibile a condizione che i pochi dati misurati siano rappresentativi del valore medio e che sia stimabile, attraverso indicazioni bibliografiche o sulla base di campagne geognostiche più consistenti eseguite su terreni simili, la deviazione standard della popolazione. Si tratta di vincoli pesanti che rendono la stima dei valori caratteristici del terreno estremamente incerta e a rischio di grossolani errori. Vediamo un esempio per chiarire la differenza fra i due approcci nel caso specifico.

Esempio 1.

Supponiamo di avere eseguito una prova S.P.T. in foro di sondaggio alla profondità z di 12 m dal p.c.. Nella tabella che segue sono riportati i colpi misurati:

N_{15}	N_{30}	N_{45}
5	7	8

Il valore di N_{spt} viene dato, com'è noto, dalla somma degli intervalli N_{30} e N_{45}:

$$N_{spt}=N_{30}+N_{45}=7+8=15$$

Abbiamo stimato un peso di volume medio del terreno in $\gamma_k=1,8$ t/mc, con il quale, in assenza di falda, calcoliamo la pressione verticale efficace alla quota di esecuzione della prova:

$$\sigma_{v0}=z\,\gamma_k= 12 \times 1,8 = 21,6 \text{ t/mq} = 2,16 \text{ kg/cmq}$$

Stimiamo l'angolo di resistenza al taglio di picco del terreno con la relazione empirica di Hatanaka e Uchida:

$$\varphi_p(°) = \sqrt{20N_1} + 20$$

dove:

$$N_1 = N_{spt}\left(\frac{1}{\sigma_{v0}}\right)^{0,5}$$

Risolvendo si ha:

$$N_1 = 15\left(\frac{1}{2,16}\right)^{0,5} \cong 10$$

$$\varphi_p(°) = \sqrt{20x10} + 20 \cong 34$$

Calcoliamo anche la densità relativa, con la relazione di Skempton:

La stima dei valori caratteristici dei parametri geotecnici

$$D_r = \sqrt{\frac{N_1}{60}} = \sqrt{\frac{10}{60}} \cong 0{,}41$$

A questo punto passiamo a calcolare il valore caratteristico di φ (φ_k) con i due approcci.

- Approccio statistico.

Siamo nel caso di campione unitario, applichiamo quindi la procedura vista nel paragrafo 3.3.5, supponendo che il valore di 34° calcolato sia rappresentativo del valore medio del terreno (φ_m=34). Usando la tangente dell'angolo di resistenza al taglio, per i motivi esposti nel paragrafo 3.3.1, si ha:

$$\tan(\varphi_k) = \tan(\varphi_m)(1 - 1{,}645\,C.O.V.)$$

Per quanto riguarda il valore del coefficiente di variazione (C.O.V.) impieghiamo i valori reperibili in letteratura (paragrafo 3.3.4.2), ipotizzando, cautelativamente, uno strato con elevata eterogeneità. Scegliamo quindi un C.O.V.=0,1834. Abbiamo quindi:

$$\tan(\varphi_k) = \tan(34)(1 - 1{,}645 \times 0{,}1834) = 0{,}471$$

che corrisponde a un angolo caratteristico di:

$$\varphi_k = \arctan(0{,}471) = 25°$$

- Approccio geotecnico.

Il valore caratteristico dell'angolo di resistenza al taglio in questo caso viene posto uguale a quello a volume costante ($\varphi_k = \varphi_{c.v.}$). Applichiamo le relazioni di Bolton viste nel paragrafo 4.2.2.

Dovendo impiegare, per ipotesi, il valore di φ ottenuto nel calcolo della portanza di una fondazione superficiale, utilizziamo la formula relativa all'angolo di resistenza al taglio in condizioni di sforzo piano:

$$\varphi_{c.v.} = \varphi_p - 5 I_r$$

| La stima dei valori caratteristici dei parametri geotecnici |

Per scegliere la relazione più adatta al caso, dobbiamo stimare la pressione normale media (σ_N) agente sul terreno alla profondità di calcolo.

$$\sigma_N = \frac{\sigma_{v0} + 2\sigma_{h0}}{3}$$

dove:

$$\sigma_{h0} = \sigma_{v0} K_0$$

$$K_0 = 1 - sen\varphi_p$$

Abbiamo quindi:

$$K_0 = 1 - sen34 = 0,441$$

$$\sigma_{h0}(kg/cmq) = 2,16 x 0,441 = 0,953$$

$$\sigma_N(kg/cmq) = \frac{2,16 + 2 x 0,953}{3} = 1,355$$

Poiché $\sigma_N<1,5$, la relazione da impiegare per il calcolo di I_r è la seguente:

$$I_r = 5D_r - 1 = 5 x 0,41 - 1 = 1,05$$

Si ha infine:

$$\varphi_k = \varphi_{c.v.} = 34 - 5 x 1,05 \cong 29°$$

La stima dei valori caratteristici dei parametri geotecnici

Questo esempio ci mostra chiaramente quali sono i limiti di applicabilità dell'approccio statistico in casi simili. Siamo costretti a operare avanzando delle ipotesi non verificabili, supponendo cioè che l'unico valore di φ_p ottenuto sia rappresentativo del valore medio dello strato e non una deviazione locale, e questo ci costringe poi a essere molto cauti nella scelta dei valori di C.O.V. dedotti dalla bibliografia. Il risultato è una stima estremamente prudenziale di φ_k. Il fatto che il valore caratteristico di φ sia così basso, e parliamo di un angolo di resistenza al taglio di picco, non deriva perciò da un errore nella formula o dall'inapplicabilità della stessa in queste condizioni, ma dalla logica stessa dell'approccio di calcolo statistico. La Statistica offre una serie di procedure matematiche per la gestione dell'informazione, al di là del significato dell'informazione stessa. Paradossalmente è possibile stimare i valori caratteristici dei parametri geotecnici con l'approccio statistico senza conoscerne la definizione fisica, trattandoli come semplici insiemi di numeri. Quello che si ottiene alla fine della procedura di calcolo è, a sua volta, un numero e sarà compito del Geotecnico decidere qual è il significato fisico di questo numero, se ne ha. Nel nostro esempio, è evidente che una sabbia mediamente addensata non può avere un angolo di resistenza al taglio di picco di 25° e che quindi tale valore non possa essere preso in considerazione.

Naturalmente avendo una conoscenza approfondita del terreno investigato, da dati raccolti in siti contigui, si potrebbe decidere di usare valori di C.O.V. meno penalizzanti. Ma si tratterebbe comunque di valutazioni di tipo soggettivo e quindi inevitabilmente esposte a errori grossolani.

Con l'approccio geotecnico, al costo di una maggiore onerosità del calcolo, abbiamo ottenuto un valore più realistico, seppure cautelativo, del nostro parametro geotecnico, senza essere stati costretti a passare per ipotesi di partenza azzardate. L'unica incertezza insita nel calcolo di φ_k con questo approccio è relativa all'approssimazione delle formule empiriche utilizzate nella stima dei parametri di partenza φ_p e D_r. Incertezza che però affligge anche l'approccio statistico.

La stima dei valori caratteristici dei parametri geotecnici

Nulla naturalmente ci impedisce di utilizzare, in presenza di dati numerosi, un approccio di calcolo misto. Si possono cioè stimare i valori massimi di resistenza al taglio con le formule statistiche viste, effettuando poi un controllo a campioni dei valori ottenuti verificandone la coerenza da un punto di vista geotecnico.

Esempio 2.

Riprendiamo l'esempio 8 del capitolo 3. Dall'analisi statistica di 30 valori di q_c misurati lungo una verticale d'indagine abbiamo ricavato il valore caratteristico dell'angolo di resistenza al taglio di picco di uno strato omogeneo, che è risultato di 36° ($\varphi_{piccomedio} = \varphi_k = 36°$).
Verifichiamo la coerenza geotecnica di questo risultato, stimando il valore di $\varphi_{c.v.}$ a campioni e controllando che sia soddisfatta la diseguaglianza $\varphi_{piccomedio} \geq \varphi_{c.v.}$.
Calcoliamo $\varphi_{c.v.}$ in corrispondenza dei valori di q_c misurati a 2,4 e 4,0 m di profondità, usando $\gamma_k = 1,8$ t/mc. Per la stima del φ_{picco} impieghiamo la formula di Meyerhof:

$$\varphi_{picco} = 17 + 4,49 \ln(q_c)$$

per la densità relativa quella di Harman:

$$Dr = 100 \left[0,268 \ln\left(\frac{q_c}{\sigma_{v0}^{0.5}}\right) - 0,675 \right]$$

Profondità=2,4 m.
$q_c = 39$ kg/cmq (valore minimo di q_c misurato).
- $\varphi_{picco} = 17 + 4,49 \ln(q_c) = 17 + 4,49 \ln(39) = 33,4°$;
- $\sigma_{v0} = 1,8 \times 2,4 = 4,32$ t/mq $= 0,432$ kg/cmq;
- $Dr = 0,3436 \ln\left(\frac{q_c}{12.3\sigma_{v0}^{0.7}}\right) = 0,3436 \ln\left(\frac{39}{12,3 \times 0,432^{0,7}}\right) = 0,60$
- $K_0 = 1 - sen\varphi_{picco} = 1 - sen(33,4) = 0,450$;
- $\sigma_{h0} = \sigma_{v0} K_0 = 0,432 \times 0,450 = 0,194$;
- $\sigma_N = \frac{\sigma_{v0} + 2\sigma_{h0}}{3} = \frac{0,432 + 2 \times 0,194}{3} = 0,273$;
- $\sigma_N < 1,5: I_r = 5D_r - 1 = 5 \times 0,60 - 1 = 2,0$;

La stima dei valori caratteristici dei parametri geotecnici

- $\varphi_{c.v.} = \varphi_{picco} - 5I_r = 33,4 - 5x2,0 = 23,4°$;
- $\varphi_k = \varphi_{piccomedio} \geq \varphi_{c.v.}$ 36,0≥23,4 **verificato**.

Profondità=4,4 m.
q_c=69 kg/cmq (valore prossimo alla media di q_c).

- $\varphi_{picco} = 17 + 4,49\ln(q_c) = 17 + 4,49\ln(69) = 36,0°$;
- σ_{v0}=1,8x4,4=7,92 t/mq=0,792 kg/cmq;
- $Dr = 0,3436\ln\left(\dfrac{q_c}{12.3\sigma_{v0}^{0.7}}\right) = 0,3436\ln\left(\dfrac{69}{12,3x0,792^{0,7}}\right) = 0,65$
- $K_0 = 1 - sen\varphi_{picco} = 1 - sen(36,0) = 0,412$;
- $\sigma_{h0} = \sigma_{v0}K_0 = 0,792x0,412 = 0,326$;
- $\sigma_N = \dfrac{\sigma_{v0} + 2\sigma_{h0}}{3} = \dfrac{0,792 + 2x0,326}{3} = 0,481$;
- σ_N<1,5: $I_r = 5D_r - 1 = 5x0,65 - 1 = 2,25$;
- $\varphi_{c.v.} = \varphi_{picco} - 5I_r = 36,0 - 5x2,25 = 24,8°$.
- $\varphi_k = \varphi_{piccomedio} \geq \varphi_{c.v.}$ 36,0≥24,8 **verificato**.

6 Dai valori caratteristici ai valori di progetto.

Abbiamo visto nei capitoli precedenti come, coerentemente con le indicazioni contenute nell'Eurocodice 7 e nel D.M. 14.01.2008, è possibile valutare in pratica i valori caratteristici dei parametri del terreno. Questi, ottenuti con l'approccio geotecnico o con quello statistico, rappresentano quindi una quantificazione a favore della sicurezza delle grandezze che permettono di descrivere il comportamento del terreno sollecitato da forze esterne. In generale però, secondo le prescrizioni degli Eurocodici e della Normativa nazionale, questi valori non possono essere usati direttamente nella progettazione, ma devono essere prima convertiti, attraverso l'applicazione di coefficienti di sicurezza parziali, in valori di progetto.[3]

La domanda che a questo punto sorge spontanea è la seguente: se i valori caratteristici costituiscono già delle stime cautelative dei parametri del terreno, da dove deriva la necessità di ridurli ulteriormente con l'applicazione di fattori correttivi aggiuntivi?

La risposta è contenuta negli Eurocodici. L'idea base è quella di associare una probabilità limite di riferimento a ogni Stato Limite.

Per lo Stato Limite Ultimo, che corrisponde alla condizione in cui si ha il collasso della struttura con compromissione della sicurezza, la probabilità di riferimento deve essere lo 0,01%.

In altre parole la struttura andrà progettata in modo tale che, nell'arco dell'intera vita operativa della struttura stessa, la frequenza teorica di raggiungimento e/o superamento dello S.L.U. sia inferiore a 1 caso su 10.000.

---

[3] Il valore di progetto di un parametro viene indicato abitualmente ponendo il pedice d al simbolo del parametro considerato (φ_d, c_d, E_d...).

Consideriamo ora l'approccio statistico per la stima dei valori caratteristici. Abbiamo visto che, in base alle indicazioni contenute nell'EC0 e nell'EC7, la probabilità di non superamento da impiegare come riferimento per la stima dei valori caratteristici dei parametri è il 5%. Utilizzando direttamente questi valori, i calcoli conducono a loro volta a una probabilità di non superamento delle resistenze del 5%. Questo significa che un edificio su venti (5%), mediamente, nel corso della vita operativa dell'opera, sarebbe destinato a collassare per superamento del carico di rottura del terreno. L'applicazione dei fattori parziali di sicurezza maggiori dell'unità ha, in questo caso, l'effetto di portare la probabilità di non superamento dal 5% allo 0,01% indicato negli Eurocodici.

Si è detto che nell'approccio statistico i parametri di resistenza al taglio impiegati sono quelli di picco, caratterizzati da notevole variabilità. Nell'approccio geotecnico invece la resistenza al taglio considerata è quella ultima relativa a condizioni di grandi deformazioni (U.S.A.L.S.), minore di quella di picco e di determinazione molto meno incerta. In questo caso la probabilità di non superamento associata ai valori caratteristici ricavati può essere valutata come già prossima allo 0,01% prescritto dagli Eurocodici. Da ciò deriva che i valori caratteristici ottenuti con l'approccio geotecnico richiedono coefficienti di sicurezza parziali uguali a uno.

Vediamo quali sono le indicazioni contenute nel D.M.14.01.2008 relativamente ai coefficienti correttivi da applicare ai parametri geotecnici. Nelle Nuove Norme Tecniche per le Costruzioni vengono definite due serie di fattori parziali, riassunti nella tabella seguente:

La stima dei valori caratteristici dei parametri geotecnici

Parametro	Grandezza alla quale applicare il coefficiente parziale	Coefficiente parziale γ_M	M1	M2
Tangente dell'angolo di resistenza al taglio	$\tan\varphi'_k$	$\gamma_{\tan\varphi}$	1,00	1,25
Coesione efficace	C'_k	$\gamma_{c'}$	1,00	1,25
Resistenza non drenata	C_{uk}	γ_{cu}	1,00	1,40
Peso dell'unità di volume	γ	γ_γ	1,00	1,00

In base alle considerazioni fatte si può suggerire di non utilizzare l'approccio geotecnico per la stima dei valori caratteristici dei parametri geotecnici dove sia previsto l'uso dei fattori parziali M2. Il motivo è evidente: ridurre ulteriormente valori caratterizzati già da una probabilità di non superamento dello 0,01% significa finire col trovarsi a operare in condizioni di eccessiva sicurezza. Dove invece siano prescritti i fattori M1 si può operare indifferentemente con valori caratteristici ottenuti attraverso l'approccio statistico o geotecnico, tenendo presente che, normalmente, quest'ultimo è più cautelativo.

Per quanto riguarda invece lo Stato Limite di Esercizio, che corrisponde alla condizione in cui si manifestano deformazioni tali da compromettere un'efficiente utilizzazione della struttura, gli Eurocodici fissano una probabilità limite di riferimento del 10%. Trattandosi di una situazione in cui non esiste rischio per cose e persone, è consentito operare con margini di sicurezza inferiori rispetto a quelli previsti per lo Stato Limite Ultimo. Il fatto che la probabilità limite di riferimento per lo S.L.E. (10%) sia superiore a quella di non superamento dei valori caratteristici dei parametri geotecnici (5%) secondo l'approccio statistico di calcolo, giustifica l'applicazione di fattori di sicurezza parziali unitari prescritta dal D.M.14.01.2008. A maggior ragione fattori unitari sono da impiegare anche se si utilizza l'approccio geotecnico.

La stima dei valori caratteristici dei parametri geotecnici

7.Bibliografia essenziale

1)Normativa Europea Sperimentale ENV 1990 – Eurocodice 0;

2)Normativa Europea Sperimentale ENV 1997 – Eurocodice 7;

3)Ministero delle Infrastrutture e dei Trasporti: D.M. 14/01/2008;

4)Consiglio Superiore dei Lavori Pubblici: Circolare 02/02/2009 n.617;

5)Autori vari: Probabilistic methods in Geotechnical Engineering – K.S.Li & S-C.R. Lo editors

6)Beretta G.P.: Il trattamento e l'interpretazione dei dati ambientali – Pitagora editrice Bologna;

7)Autori vari: Factor of safety and reliability in Geotechnical Engineering – Journal of geotechnical and geoenvionmental engineering / agosto 2001;

8)Bolton M.D.: The strength and dilatancy of sands – Geotechnique 36, No.1, 65-78;

9)Bolton M.D.: Rational selection of φ for drained-strength bearing capacity analysis – Manhattan College Research Report No.CE/GE-00-1;

10)Calisto L.: La resistenza non drenata delle argille poco consistenti – Hevelius edizioni;

11)Atkinson J.: Geotecnica – McGraw-Hill;

12)Lambe T.W., Whitman R.V.:Soil Mechanics – John Wiley e Sons.

La stima dei valori caratteristici dei parametri geotecnici

www.ingramcontent.com/pod-product-compliance
Lightning Source LLC
Chambersburg PA
CBHW070245190526
45169CB00001B/311